全新知识大揭秘

探索新能源

李方正◎编写

吉林出版集团股份有限公司
全国百佳图书出版单位

U0341347

图书在版编目（CIP）数据

探索新能源 / 李方正编. —— 长春 : 吉林出版集团
股份有限公司, 2018.7（2023.7重印）
（全新知识大揭秘）
ISBN 978-7-5581-5455-3

Ⅰ.①探… Ⅱ.①李… Ⅲ.①能源－少儿读物 Ⅳ.
①TK01-49

中国版本图书馆CIP数据核字（2018）第134629号

探索新能源

TANSUO XIN NENGYUAN

编　写	李方正
策　划	曹　恒
责任编辑	李　娇　黄　群
封面设计	吕宜昌
开　本	710mm × 1000mm　1/16
字　数	100千
印　张	10
版　次	2018年7月第1版
印　次	2023年7月第3次印刷

出　版	吉林出版集团股份有限公司
发　行	吉林出版集团股份有限公司
地　址	吉林省长春市福祉大路5788号
	邮编：130000
电　话	0431-81629968
邮　箱	11915286@qq.com
印　刷	三河市金兆印刷装订有限公司

书　号	ISBN 978-7-5581-5455-3
定　价	45.80元

当今世界上能源的三大支柱仍是煤炭、石油和天然气，它们构成了化石能源（不可再生能源）的主体。化石能源的生产和消费，促进了全球经济发展和社会进步，同时也带来了对生态环境的不良影响和破坏。再加上这三种能源的有限性，要保持人类社会的可持续发展，就必须大力开展能源领域的基础研究，以及高新科技的研究与开发，建立优质、高效、洁净、低耗的能源系统。

从目前世界各国的能源结构看，所有工业化国家均以油气燃料为主，这是提高能源效率、降低能源系统成本、减少环境污染和提供优质服务的选择，也是当今世界能源发展的一个基本趋势。工业化国家的几十年实践表明：电力增长越快，一次能源需求增长就越慢，单位国内生产总值（GDP）消耗就越少，所造成的环境污染也就越少。节约能源，提高能源利用效率，也是世界能源发展的一个基本趋势。

目前在大量消耗煤炭能源的同时，必须使用物理和化学方法，以及高新技术，将煤炭转化为二次能源或终端消费的能源。这是保护生态环境、实施可持续发展能源战略的根本保证。

目前世界各国都十分重视能源科学技术的发展，重点是可持续发展的能源系统研究。它包括现有能源的低污染利用、新能源开发和环境协调的能源系统。

前言 QIANYAN

　　一些能源专家认为，太阳能、风能、核能、地热能、波浪能和氢能这六种新能源，在今后将会优先获得开发利用。

　　太阳能的利用形式很多，例如太阳能集热为建筑供暖、供热水，用太阳能电池驱动交通工具和其他动力装置等，这些都属于太阳能小型、分散的利用形式。

　　风能是一种古老的能源。风能利用技术不断革新，使这种丰富的无污染的能源重放异彩。

　　核能的开发利用是人类能源历史上的一次巨大飞跃。能源专家评价，在未来多元化的能源结构中，核能代替常规能源将势在必行。

　　地热能，目前世界上已有数百座地热发电站投入了运行，装机容量达 16 000 兆帕。

　　波浪能主要的开发形式是海洋潮汐发电。目前世界沿海国家，都在大力发展潮汐发电。

　　氢能，氢是宇宙中含量最丰富的元素之一，用水就可以制取出无穷无尽的氢。

　　本书将展示目前和理想中的能源开发利用的新方法、新技术，供读者阅读。

目 录 MULU

MULU 目录

目录 MULU

第一章
化石能源的
新科技

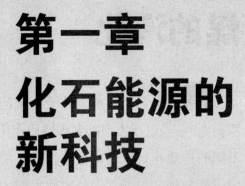

煤在能源中占有重要地位，但煤与石油、天然气等相比较，存在开采难度大、能量利用效率不高、运输不便、直接燃烧会污染环境等缺点。因此，大规模使用煤作为能源，必须在技术上采取相应对策。应该寻求新的煤炭利用方法，如流化床燃烧，发动机用的液体燃料，天然气代用品——煤气等。

煤的汽化

煤炭是几亿年前到几千万年前，地球上的植物被埋在地下，经过压力和高温等地质作用，逐渐碳化变成的。不同的地质年代，地球上生长的植物不一样，再加上生成煤的条件又有所不同，因此人们才能见到褐煤、烟煤和无烟煤等多种煤炭。但是，无论哪种煤，全都是固体，使用和运输都不方便。直接烧煤，热效率低，浪费大，同时还会放出二氧化硫和氧化氮等有害气体，严重污染环境。

为了改变以上状况，最好的办法就是把固体的煤炭变成气体，或者变成液体来使用。

在煤的汽化工业中，从煤里提取出来的煤气，有的

用作燃料，成为优质、高效、无污染的能源，有的成为化工原料，制成各种化工产品。

如果汽化所生产的煤气是用来作燃料，那就必须使煤中的碳同水蒸气的氧发生化学反应，即以碳氧的反应为主，第一步先生成氧化碳，然后让它再同水蒸气继续发生化学反应，生成氢气和二氧化碳混合气体，经过洗涤，除去二氧化碳，剩下比较纯净的氢气。最后，再同煤中的碳发生化学反应，生成人们需要的气体燃料——甲烷气。

如果汽化生产的煤气是用来作化工原料，就应该减少甲烷的含量，增加氢气的含量。

一般来说，人们把中热值煤气和高热值煤气用于城市煤气，低热值煤气可用在化工合成上，也可用作联合循环发电的燃料。

煤的液化

煤与石油相比，无论从运输和储存方面来看，还是就其通用性而言，都有许多不足之处。

煤的液化，就是在一定的工艺条件下，通过各种化学反应，把固体的煤炭变成液体的燃料。煤和石油都是由碳、氢及少量其他元素组成的，但这些元素的比例不同，煤的分子量比石油的大得多。只要设法改变碳氢比例，并将煤热解成较小的分子，煤就会变成石油样的液体燃料。

虽然煤和石油的化学成分基本上相同，都是由碳、氢、氧等化学元素组成的。石油的主要成分是碳和氢，硫和氧的含量特别少。而煤却是一种复杂的混合物，它的分子量很大。

煤炭跟石油的另一个区别是，它们所含的碳原子的数目和氢原子的数目之比各不相同，煤的碳、氢原子比大约是石油的两倍。也就是说，煤里的碳原子的数目比石油的多，而氢原子的数目却比石油的少。但是，煤里的氧原子和氮原子的数目又比石油

的多很多。

因此，科学家就可以选择在高温、高压等条件下，往煤的分子里加进大量氢元素，把煤里的大分子变成小分子，使它的结构跟石油差不多。这就是煤的液化原理。

细心的人不难发现，在一块煤上有很多层，在煤岩学上，那黑色发亮的部分叫亮煤，又叫镜煤。它很容易被液化，因此人们管它叫活性组分。那些不容易或不能被液化的部分，人们称它为惰性组分，惰性组分不能变成石油，最后变成渣子，可用来制取氢气。

煤的液化技术

煤的液化技术大体上可以分成两大类：一类是直接液化法，另一类是间接液化法。

直接液化法，就是把煤和溶剂混合在一起，制成稀粥一样的煤浆，经过加氢裂解反应，直接变成液体的油。目前许多国家都在积极探索和研究这种方法。

间接液化法，不是直接得到液体油，而是先把煤炭变成一氧化碳和氢气，也就是煤的汽化，然后再把这两种混合气体合成液体燃料。现在这种方法已经开始工业化生产。

液化煤炭技术的几种方式如下：

1. 间接液化法（费－托法）

先在汽化器中用蒸汽和氧气把煤汽化成一氧化碳和氢气，然后再在较高的压力、温度和存在催化剂的条件下反应生成液态羟。

2. 氢化法

分直接加氢液化法和溶剂萃取法两类。

（1）直接加氢液化法。这一液化方法的代表性技术是美国羟研究公司的氢—煤法。它要通过催化剂的帮助，直接加氢，从煤中制取液体燃料，每吨煤可生产液体燃料3桶。

（2）溶剂萃取法。美国发展的溶剂精制煤法，是利用载氢能力好的蒽油和反应过程中产生的重质油对煤进

行萃取，得到灰分和硫含量很低的固体溶剂精制煤或液体燃料。

　　3.热解法

也称炭化法，是从煤获取液体燃料最老的一种方法。但是，现在研究热解法的目的已经成为获取液态产品的手段，而固态和气态产品则仅仅是这种方法的副产品。

高效节煤技术

  经过洗选的原煤，平均灰分大约降低 30%，也就是说，1 吨原煤，不能烧的东西只占 1/4 多一点。如果原煤不经洗选，就不可能达到这么好的技术指标。

  近一个世纪以来，由于钢铁工业的迅速发展，世界上许多国家都感到，炼焦煤，特别是炼焦煤里的强黏结煤供不应求。为解决这个问题，人们从两个方面进行探索和研究：一是积极开发新的炼焦技术，寻找新的替代原料；二是合理利用现有的炼焦煤资源，尽量做到产销对路，物尽其用。

用无烟煤代替焦炭来生产合成氨，每生产1吨合成氨就能节省2.5吨煤，成本也降低60元左右。用无烟煤做高炉炼铁的喷吹燃料，每喷进1吨无烟煤粉所节省下来的焦炭，就相当于2.7吨的原煤。

直接烧煤，很难完全烧尽，总得留下炉灰、炉渣。如果把煤炭液化或汽化燃烧，就可以提高热效率了。把煤变成液化油，它的总热效率比直接烧煤高出10%；把煤变成气体燃料来用，它的热效率比直接烧煤的锅炉的热效率高出10%。

煤矸石的利用也是合理利用煤炭的课题之一。到目前为止，各国煤矿矿山的煤矸石堆积如山，不仅占用大量土地，也污染环境。然而煤矸石并不是废物，它是一种潜在的矿产，既能够当燃料，又含有一些有用的成分。例如，它可以做砖和水泥等建筑材料，还可以提取有用的化学元素等。

煤电洁净技术

煤的应用推动了人类社会的进步，也带来了一系列环境污染问题。煤燃烧后进入大气的悬浮粒子，对人类的健康威胁最大，所以洁净煤技术应运而生。

洁净煤技术应包括煤炭使用各环节的净化和防治污染的技术。

1. 燃烧前的处理和净化技术

（1）洗选处理。除去或减少原煤中所含的灰分、矸石、硫等杂质，按不同煤种、灰分、热值和粒度分成不同品种等级。

（2）型煤加工。用机械方法将粉煤和低品位煤制成具有一定粒度和形状的煤制品。

（3）水煤浆。把灰分很低而挥发分高的煤研磨成 250 ～ 300 微米的煤粉。按煤 70%，水 30% 的比例，加入 0.5% ～ 1% 的分散剂和 0.02% ～ 0.1% 的稳定剂配制而成。

2. 燃烧中的净化装置

（1）先进的燃烧器通过改进电站锅炉以及工业锅炉和窑炉的设计以及燃烧技术，以减少污染物排放，并提高效率。

（2）流化床燃烧器是把煤和吸附剂（石灰石）加入燃烧的床层中，从炉底鼓风使床层悬浮，然后进行硫化燃烧。硫化形成湍流混合条件，从而提高燃烧效率；石灰石固硫减少二氧化硫排放；较低的燃烧温度（830℃～900℃）使低氮氧化物生成量大大减少。

3. 燃烧后净化

烟气脱硫有湿式和干式两种方法：湿法是用石灰水沐洗烟尘，二氧化硫变成亚硫酸钙浆状物；干法是用浆状脱硫剂喷雾，与烟气中的二氧化硫反应，生成硫酸钙，水分干燥颗粒用集尘器收集。

褐煤用途多

褐煤是一种只经过岩化作用的煤。褐煤很轻，1立方米的重量仅有 1.1～1.4 吨。褐煤最疏松，用手一捏就会碎成粉末。褐煤的发热量最低，一般只有 9623.2～16 945.2 千焦，但易燃烧，燃烧时

冒出浓重的黑烟，只是火力不强，用作燃料的价值不大；水分含量很高，一般可达 10%～30%，而挥发分含量很高，可以达到 40%～55%。

褐煤的用途十分广泛，不仅可以做动力燃料，而且可以用于汽化、液化、炼焦和提取化工产品。褐煤储量丰富，一般埋藏较浅，开采成本相对较低。

目前，世界褐煤产量的大部分用于发电。由于褐煤的发热量较低，且水分含量高，发电耗煤量大，因此一般都在矿区附近建坑口电站。

在褐煤中加适量的黏结剂炼焦，焦炭的发热量可达每千克 29 288 千焦，焦炭也是一种高热值无烟民用燃料。

褐煤含有丰富的褐煤蜡和腐殖酸。低级褐煤的蜡和腐殖酸含量可分别达到 12%～15%、35%～40%。褐煤蜡是制造涂料、油漆、橡胶添加剂、润滑油和高级蜡纸的原料。

褐煤腐殖酸在农业上可制取腐殖酸肥料，具有提供养料、改良土壤和刺激植物生长的作用。在地质钻进中，褐煤腐殖酸用作泥浆的调整剂，可以调节和维护泥浆的工艺性能，提高钻进效率。此外，褐煤中还有丰富的稀散元素（如镓和锗），往往成为回收镓和锗的重要原料。

海上石油开发新技术

海上石油开发技术包括勘探、钻井和生产技术。勘探技术主要是板块构造学、地震地层学、地球化学和地震模拟等，特别是地震勘探，不仅扩大了石油勘探的靶区范围，而且使勘探成功率大为提高。钻井和生产技术的新领域包括深海石油钻探、开发，以及极地海区的石油开发等。

最初在海上钻探石油时，钻井机大都设在岸上，斜着向海底钻井，这当然不能向较远的海区发展。

人们为了向更远更深的海域发展，又设计了不少钻井平台，例如升降式的钻井平台可在水深30～90米的海区工作，但在海底质地松软的情况下，不易拔出脚柱。浮动式的钻井平台用锚固定，只能用于平稳的海面。半潜式的钻井平台是把平台安在数个浮箱上，在工作时浮箱灌水下沉，移动时浮箱充气就可以飘浮航行。这种钻井平台性能较好，是采用较

多的一种。

目前，海上最深的石油钻井在美国墨西哥湾路易斯安那近海，井深达 7613 米。最深的海上石油钻探是在美国东海岸，钻探水深 2009 米。这口井由"发现者七海"号钻探船作业，钻井水深能力可达到 2400 米。目前海洋石油钻井装量在数量上自升式占多数，半潜式占第二位。

天然气采气工艺

    天然气从地层采出到地面的全部工艺过程，简称采气工艺。天然气比重极小，在沿着井筒上升的过程中，能量主要消耗在摩擦上。由于摩擦力与气体流速的平方成比例，因此管径越大，摩擦力越小。

中国是世界上最早使用木竹管道输送天然气的国家之一。1637年，明代宋应星所著《天工开物》中详细记述了用木竹输送天然气的方法。1600年前后，四川省自流井气田不仅在平地敷设管道，而且"高者登山，低者入地"，说明当时的天然气管道建设的技术已发展到一定的水平。

世界上其他国家的输气管道也经历了与中国相似的发展过程。18世纪以前，管道也采用木竹管道。19世纪90年代，才开始采用搭焊熟铁管径100毫米的天然气管道。20世纪初开始采用双燃料发动机的压气机给管道输天然气增压，输气压力由0.6千帕逐渐上升到4千帕。

随着现代科学和工程技术的发展，世界各国对天然气需求量的增加，天然气管道向大口径、高压力、长距离和向海洋延伸的跨国管网系统发展。

1999年，中国动工建设从新疆到上海的天然气输送管道，这项被称为"西气东输"的跨世纪工程，已经开始输气了。

从世界范围来说，天然气不仅在一次能源结构中已占到约23%，而且已成为发电、工业、民用等部门不可缺少的燃料和化肥等化工部门的主要原料。

油页岩工业的前景

化石能源是不可再生的能源，它的储量是有限的，用一点就少一点。

从世界范围来看，油页岩工业在今后会有较大的发展，它将是常规能源的一种重要的补充能源。

地下干馏方法，为油页岩的开发利用提供了一条途径。地下干馏方法之一是在原地钻孔中利用炸药爆破或核爆炸等手段，对油页岩层进行破碎，形成天然的干馏碉室。另外，还有一种更为简便的方法，就是在地下开采的同时，按地下干馏的要求，开采掉其中 15% ～ 20% 的油页岩后，利用采空区形成的空洞，回填上油页岩块，经过油页岩自身燃烧加热，进行干馏。地下干馏作用的进行可由无线电透视法监视。最后，由地面或井下用管道把气体或液体产品抽取出来，加以利用。

油页岩地下干馏，既可使油页岩资源得到广泛利用，又不占用良田，也不会污染环境，还可以大大降低成本，提高产油率，是开采利用油页岩的良好途径。

　　近年来，欧美国家和日本，都加强了油页岩开发利用的研究，特别是加强了在加氢高压下，利用溶剂热解"固体石油"的研究。中国也在采用不同的方法进行试验，并取得了较好的成果。从"固体石油"中提取原油，从原油中也成功地分离出汽油、煤油和柴油。由此可见，"固体石油"在未来石油短缺的情况下，是完全可能发挥重要作用的。

第二章
太阳能的利用

现代太阳能应用技术在不断前进，应用领域是比较宽广的。当前人们直接利用太阳能主要体现在三大技术领域：一是光热转换，二是光电转换，三是光化学转换。在应用领域已涉及工业、农业、建筑、航空航天等许多行业和部门。

太阳能的利用方法

利用太阳辐射能主要有三种方法：把太阳的辐射能变成热能，叫作光热转换；把太阳的辐射能变成电能，叫作光电转换；把太阳的辐射能转变成化学能，叫作光化学转换。

光热转换是利用集热器或者聚光器来得到100℃以下的低温热源和1000℃～4000℃的高温热源。它是目前应用比较普遍的一种办法，被广泛地用在做饭、烘干谷物、供应热水、供室内取暖等方面。

光电转换，这种方法就是把太阳光能直接变成电能。光电转换是利用太阳辐射能的一个重要方法，它是利用某些物质的光电效应

把太阳辐射能直接变成电能，它的核心就是太阳能电池。

光电转换效率，因材料而不同，一般约为10%，仅作为小功率的特殊电源。目前太阳能电池已应用在灯塔、航标、微波中继站、电围栏、铁路信号、无线电话、电视差转、电视接收等方面。

光化学转换，绿色植物的光合作用就是一个光化学转换过程。光合作用就是植物利用太阳光把二氧

光合作用

光合作用即光能合成作用，是植物、藻类和某些细菌在可见光的照射下，经过光反应和暗反应，利用光合色素，将二氧化碳（或硫化氢）和水转化为有机物，并释放出氧气（或氢气）的生化过程。

化碳和水变成有机物质。

目前，许多科学家正在用这个办法生产燃料。其方法是，在那些不跟粮食生产争地的荒山、荒地、荒滩和湖泊等地方，种植绿色植物，然后，再把收获来的绿色植物用化学方法或者生物方法处理，就可得到固体燃料、液体燃料、肥料和石油化工等代用品。实践证明，将太阳能转变成生物质能，再将生物质能转变成热能、电能，是利用太阳能的有效途径之一。

集热器

什么是集热器呢？集热器是吸收太阳辐射能并向工质（水）传递热量的装置。它是热水器的"心脏"。因为集热器中的工质（水）与远距离的太阳进行交换，所以它又是一种热交换器。

在利用太阳能的研究中，让平行的阳光通过聚焦透镜聚集在一点、一条线或一个小的面积上，也可以达到集热的目的。在理论研究的指导下，科学家制造出了各种集热器。

罩在菜地暖房上的透明塑料薄膜，采暖房的那几扇大窗户玻璃板都属于平板型集热器。它不仅可以收集太阳的直射辐射，而且可以收集太阳的散射辐射。平板型太阳能集热器是根据"热箱原理"设计的。我们知道，阳光是由各种不同波长的光组成的，不同物质和不同颜色对不同波长的光的吸收和反射能力是不相同的。

真空管太阳能集热器是在平板型太阳能集热器基础上发展起来

的。利用真空隔热，并采用选择性吸收涂层来提高集热效率和集热温度的新型太阳能集热装置。构成这种集热器的核心部件是真空管，它主要由内部的吸热体和外层的玻璃管组成。

按吸热体材料的不同，真空管太阳能集热器可分为全玻璃真空太阳集热管和玻璃—金属真空太阳能集热管两大类。

太阳能的储存

太阳能受季节、昼夜、气候的影响，具有间歇性和不稳定性的弱点。克服这些弱点，是发展太阳能的关键性问题。目前，虽然储存太阳能的方法很多，但是大容量、长时间、低成本的储能还未能实现。目前，太阳能的储存方法主要有两大类：一是将太阳能的热能直接储存，二是将太阳能转换成其他形式的能量储存。

太阳热能的直接储存又分为短期储存（几小时或几天）和长期储存（半个月或几个月）。短期储存可利用蓄热材料来实现。中国东北地区的暖墙就是一种蓄热器。这里的卵石或砾石、土坯墙、砖墙和混凝土墙，均是蓄热材料和蓄热器。

　　更先进的方法，是选用一些相变材料。"相"，可以简单理解为"态"，例如，水有三态：气态、液态、固态，也可以说成水有三相，即气相、液相、固相。如某些低熔点的盐类或合金，它们可以在受到太阳能的热作用下变为液体，而在冷却时又凝固，此时释放出热量来。

　　把太阳能转变成其他能，再加以储存，这是目前的重要选择。最常见的是太阳能发电，然后用蓄电池蓄电。

　　具有更深远意义的是太阳能的生物储存和化学储存。生物储存是指利用植物的光合作用培育能源作物，或将太阳能产生的某些有机物经过微生物发酵制取沼气或酒精，以获得气体燃料或液体燃料。

　　太阳能高温分解水制氢，以及络合制氢等办法，都是太阳能的高级转换和储存。

太阳灶

太阳能的热利用，是将太阳的辐射能转换为热能，实现这个目的的器件叫"集热器"。由于使用的目的不同，集热器和与之匹配的系统类型繁多，名称也各不相同。例如，太阳能用于炊事，就叫"太阳灶"；用于产生热水，就叫"太阳能热水器"；为烘干用的设备，就称为"太阳能干燥器"。

利用太阳能做饭、炒菜和烧开水，在广大农村，特别是在燃料缺乏地区，具有很大的实用价值。

目前常用的几种太阳灶分别是聚光式太阳灶、箱式太阳灶、热管传导式太阳灶及太阳蒸汽灶等。这些太阳能装置在燃料缺乏地区，具有很高的实用价值。

在这些太阳灶中，伞式聚光灶可以产生

足够的温度，如果用高压锅，在这种灶上煮一家5口人吃的饭，半小时就可以煮熟。用箱式灶时，晴天1～2小时内可把锅加热到150℃～200℃，由于这种太阳灶有储热性能，即使天空出现云层，也可以保持100℃左右。这种太阳灶最适宜烤炙和烘焙。风天和有薄云天气均可以使用。而新试制成的储热太阳灶，是在室内、白天、晚上、晴天或阴雨天均可使用的全能太阳灶。

太阳能热水器

太阳能热水器是一种利用太阳能把水加热的装置。利用太阳能平板集热器，可以把水加热到 40℃～ 60℃，为家庭、机关、企业生活、生产提供热水。

随着人们生活水平的不断提高，世界上发展中国家的人们，对生活热水的需求迅速增加，在中小城镇和广大农村，尚没有条件使用燃气或电来提供热水，人们选用太阳能热水器是十分自然、合理的。以流体（水）在集热器中的流动方式，可将太阳能热水器分为三大类，即自然循环式、自然循环定温放水式、强制循环式。

自然循环式：依靠集热器与蓄水箱中的水温不同，而产生比重差进行温差循环（热虹吸循环），水箱中的水经过集热器被不断加热。由补水箱与蓄水箱的水位差所产生的压头，通过补水箱中的自来水，

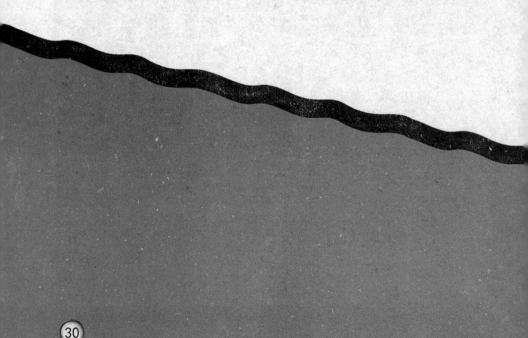

将蓄水箱中的热水送至用户。与此同时也向蓄水箱中补充了冷水，其水位由补水箱内浮球控制。

自然循环定温放水式：与自然循环式的不同点在于，循环水箱被只有原来容积的 1/4 ～ 1/3 的小水箱代替，大容积的蓄水箱可以放在任意位置（当然必须放在高于浴室的位置）。其优点是笨重的循环水箱不必高架于集热器之上。

强制循环式：在蓄水箱与集热器之间装有水泵，水泵由集热器出口与水箱底部间水的温差来控制其启动或停止。

以上三种形式的热水器各有其优缺点，而目前使用比较多的是自然循环式系统，中国大量推广的家用太阳能热水器也大都是自然循环式。

太阳能温室

所谓太阳能温室，就是太阳的辐射能——阳光，主要是可见光和近红外线，照射到玻璃暖房、花房和塑料大棚等建筑物的透明物体上，几乎能够全部透过，并被这幢建筑物内的物体所吸收，建筑物内的物体因此而变暖。

太阳能温室是最早利用太阳能的一种建筑物，人们常见的玻璃暖房、花房和塑料大棚，都是太阳能温室，它担负着寒冷地区，如中国北方大中城市冬季蔬菜供应的重任，并在水产养殖和农作物育种育秧、畜禽越冬等方面起着重要的作用。

太阳能温室的结构和形式很多，温室建筑可用木材、钢材或铝制构件作为骨架。透光覆盖物过去多用玻璃，近期发展以塑料为主。在一些工业发达国家，硬质和半硬质塑料已大规模生产。目前常用的塑料透光材料有下列几种：

丙烯酸薄板：具有不同的厚度、颜色和波长透射特性，能有控制地发挥温室热效应。无色丙烯酸薄板的日光透射率高达95%，比普通玻璃的透光率还好，而且抗碰撞能力大大超过玻璃。

聚氯乙烯膜和板：目前农村塑料大棚多用此种材料做薄膜。世界上有的国家还生产一种聚氯乙烯板材，也试用在温室上，但抗老化性能差。

玻璃纤维增强塑料：一种半透明热固塑料，以聚酯树脂为主要构成。原来不耐老化，近期添加丙烯酸单体，性能有所改进，耐老化、透光性和使用寿命均有所提高，国际上已经较广泛使用它做温室透光材料。

太阳能干燥技术

人们用来烘干物料,如粮食作物、经济作物、皮革、尿素等的燃料(能源)很多,例如太阳能、煤、秸秆等。但其中最清洁、最经济的就是太阳能了。一般农作物太阳能干燥的方法比较简单,那就是自然曝晒。这种太阳能的干燥技术在较长的时间内,仍占有重要地位。它的缺点是:干燥周期长,晒场占地面积大,且易受虫蝇、尘土污染。

太阳能干燥技术可分为两个阶段:对空气加热,热空气把待干燥物中的水分带走。

加热空气又有直接加热空气和间接加热空气两种方法。

在干燥器中,湿物吸收太阳的辐射热之后,温度升高,使相应的水蒸气压力超过周围空气中的分压,此时水分就从湿物表面蒸发。所以干燥器不仅要满足升温的要求,还要考虑通风排湿,尽量降低干燥器中空气的分压。

太阳能干燥器可分高温型干燥器和低温型干燥器两种。

高温太阳能干燥器为聚焦型，常采用抛物柱面聚光器，对太阳进行自动跟踪，待干燥物多为颗粒状，如粮食之类，用螺旋输送机把物料送到线状聚焦面，边行进边干燥，效率较高。但是，这种干燥装置比较复杂、庞大，造价较高，推广较困难。

低温太阳能干燥器，以空气作为干燥手段。这种干燥工艺设备由两部分组成，即太阳能空气集热器和物料干燥箱。目前国内外研究的太阳能干燥器多属于低温干燥器。

太阳房

太阳房是利用太阳能采暖和降温的房屋建筑。

在寒冷地区居住，例如在中国的华北和东北地区居住，建筑采暖是房屋建造中不可缺少的工程。而在热带地区居住，例如在中国海南，甚至重庆、武汉、南京居住，当室内的温度上升到30℃以上，人也会感到不舒服。因此，降温成了主要问题。

目前，采暖和降温仍以常规能源为主。但从发展来看，利用太阳能采暖和降温，则是主要发展方向。

在人们的生活能耗中，用于采暖和降温的能源占有相当大的比重。特别是气候寒冷和炎热地区，采暖和降温的能耗是相当大的。不过，这种能耗随人们物质生活水平的不同而有多有少。目前，随着各国、各地区人民生活水平的提高，南方也开始冬季采暖，夏季大量使用电扇，使用空调设备的也日益增多。这样，不仅引起了能耗比重的变化，也使人们注意通过房屋结构的改变，积极开发太阳能用以采暖和降温。

目前，最简便的一种太阳房叫被动式太阳房，建筑容易，不需要安装特殊的动力设备。把房屋建造得尽量利用太阳的直接辐射能，依靠建筑结构形成的吸热、隔热、保温、通风等特性，来达到冬暖夏凉的目的。另一种太阳房叫主动式太阳房，是更高一级的一种太阳房。由于主动式太阳房需用设备较多，电源也是不可缺少的，因此造价较高，但室内温度可以主动控制，使用也很方便。

太阳能制冷

气体（空气）或液体（如水、氨溶液、硫氰酸钠溶液等）被压缩时，会放出热量，相反，当气体或液体膨胀时，要吸收热量，这叫作气体或液体压缩放热，膨胀吸热原理。人们利用物质膨胀吸热的原理，来达到降温的目的。

太阳能冷冻机是利用这种原理制造的。先利用集热器收集的太阳热能加热低沸点的氨水溶液，使氨水变成蒸气，在冷凝器中用冷水来冷却，使其进入膨胀阀在低压下快速蒸发吸收大量的汽化潜

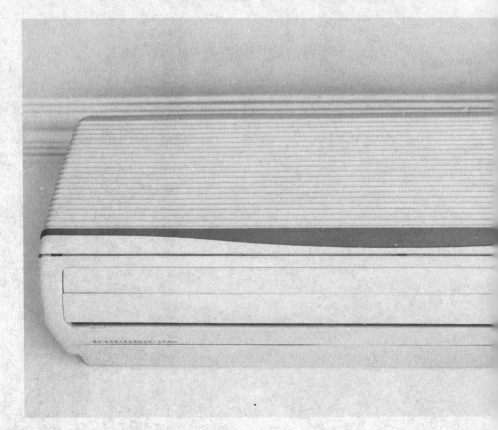

热，就可以降温和造水，以达到制冷的目的。

目前，太阳能制冷的方法很多，如压缩式制冷、蒸气喷射式制冷、吸收式制冷等。

压缩式制冷要求集热温度高，除采用真空管集热器或聚焦型集热器外，一般太阳能集热方式不易实现，所以造价较高。

蒸气喷射式制冷不仅要求集热温

冷凝器

冷凝器，为制冷系统的机件，属于换热器的一种，能把气体或蒸气转变成液体，将管子中的热量，以很快的方式，传到管子附近的空气中。冷凝器工作过程是个放热的过程，所以冷凝器温度都是较高的。

度高，一般来说其制冷效率也很低，为 0.2 ～ 0.3 的热利用效率。

吸收式制冷系统所需集热度较低，70℃～90℃即可，使用平板式集热器也可满足其要求，而且热利用较好，制作容易，制冷效率可达0.6 ～ 0.7，所以采用也很多。不过，它的设备比较庞大。

中国从 20 世纪 70 年代中期开始研究太阳能制冷，除几种间歇式氨—水吸收法制冷机外，还做了一些太阳能空调试验。

太阳能发电

太阳能发电，是利用集热器把太阳辐射能转变成热能，然后通过汽轮机、发电机来发电。它与常规火力发电主要不同之处是：动力来源不是煤或油，而是太阳辐射能，用集热器和吸收器取代了锅炉。

以太阳光为能源获得电能的太阳能发电，有四大优点：一是安全，不产生废气；二是简单易行，只要有日照的地方就可以安装设备；三是容易实现无人化和自动化；四是发电时不产生噪声。从这些优点可以看出，太阳能发电是一种较理想的清洁能源。

目前，将太阳能转换为电能有两种基本途径：一种是把太阳光辐射能转换为热能，即太阳热发电；另一种是通过光电器件将太阳光直接转换为电能，即太阳光发电。

　　太阳热发电又分为两种类型：一种是太阳热动力发电，即采用反射镜把阳光聚集起来加热水或其他介质，使之产生蒸汽用以推动涡轮机等热力发动机，再带动发电机发电；另一种是利用热电直接转换，如温差发电（热电偶）、热离子发电、热电子发电、磁流体发电等原理，将聚集的太阳热直接转换成电能。

　　光发电到目前为止也已发展为两种类型：一种是光生伏打电池，一般俗称太阳能电池；另一种是正在探索中的光化学电池。太阳能电池是利用"光电效应"将太阳辐射能直接转换成电能的器件，一般也称光电池。

太阳能电池

太阳能的光电转换，是指太阳的辐射能光子通过半导体物质转变为电能的过程，通常叫作"光生伏打效应"，太阳能电池就是利用这种效应制成的。当太阳光照射到半导体上时，其中一部分被表面反射掉，其余部分被半导体吸收或透过。被吸收的光，有一些变成热，另一些光子则同组成半导体的原子价电子碰撞，于是产生电子—空穴对。这样，光能就以产生电子—空穴对的形式转变为电能。

制造太阳能电池的半导体材料已知的有十几种，因此，太阳能电池的种类也很多。目前，技术最成熟，并具有商业价值的太阳能电池要算硅太阳能电池。

硅太阳能电池。硅是地球上最丰富的元素之一，用硅制造太阳能电池具有广阔的前景。人们首先使用高纯硅制造太阳能电池（单晶硅太阳能电池）。由于材料昂贵，这种太阳能电池成本过高，初期多用

于空间技术作为特殊电源，供人造卫星使用。20世纪70年代开始，把硅太阳能电池转向地面应用。近年来非晶硅太阳能电池研制成功，这会使硅太阳能电池大幅度降低成本，应用范围会更加广泛。

多元化合物太阳能电池。这是指用单一元素半导体制成的太阳能电池。在这类电池中，由硫化亚铜—硫化镉构成的异质结太阳能电池中的薄膜硫化镉太阳能电池更引人注目。

液结太阳能电池。这是一种光电、光化的复杂转换。它是将一种半导体电极插入某种电解液中，在太阳光照射的作用下，电极产生电流，同时从电解液中释放出氢气。

宇宙发电新技术

在地面上利用太阳能发电，受到阴天、雨天、昼夜变化，太阳光在大气层的折射、反射、吸收、能量损失等影响。为了充分利用太阳的热能，一项新奇而大胆的划时代的想法——宇宙发电被提出来了。

科学家提出，利用现代空间技术，在低地球轨道上组装一颗庞大的发电卫星，然后利用卫星上的推进器，把卫星送到地球同步轨道上。

卫星上安装着巨大的太阳能收集转换器，实际上是像在超级足球场上铺满了太阳能电池。这个巨大的太阳能电池陈列面积大约有 100 平方千米，能发出 1000 万千瓦的电力。

卫星太阳能电站发出这样强大的电力，那么怎样把电能送回地球呢？科学家们研究出一种无线输电，采用微波技术。卫星上太阳能发出的电力，经过转换变成微波，由直径达 1 千米的巨大碟形天线射向地球。微波射来就像手电筒射出的光柱。到达地球时，这粗大的"光柱"（微波束）将覆盖 43 平方千米的面积，直径达 7.4 千米。

地面上直径 7.4 千米的巨大天线负责接收从太空射来的微波能量，这些微波能量转换成电能后，就可以用电线送到家中了。

不过，这些卫星仅仅是理想中的卫星太阳能电站的微缩模型，它们的功率只有理想值的千分之一到万分之一。要建造百万千瓦到千万千瓦的大型卫星太阳能电站，需要世界各国的通力合作，共同开发这一新能源。

在月球上发电

在地球外层空间利用太阳能发电，可以避免受地球气候的影响，甚至也没有昼夜的区别，一天 24 小时都可以发电。然后通过微波和激光将电能传输给地球。

月球近几年来被人类看作能源基地的原因，还在于它蕴藏大量的原料氦 –3 和重氢（氘）。根据"阿波罗"宇宙飞船从月球上带回的样品分析表明，在月球的地层里除含有大量的有色金属外，还含有一种最引人瞩目的原料氦 –3 和重氢（氘）。在月球上提炼这些金属，由于那里没有空气，提炼出的金属纯度很高。如果在月球上提炼氦 –3 和重氢（氘），会产生大量的水、氢、氧、

氢、碳等物质，这些物质恰好是月球上没有的，可以给人类提供在月球上生存的条件，还可以给飞往其他天体的飞行器提供氢氧做燃料，它和现在利用的核能相比，有很多优点。用氦-3做燃料的核反应堆几乎不产生中子，反应堆外壁不受损害，可以用得很久，而且污染很小，废料容易处理，是人类控制聚变反应速度以后最理想的核能。

建立太阳能发电卫星，在卫星上用太阳能发电和将月球作为基地，建立太阳能电站，这两种方案的基本构想相同，都是在地球外层空间利用太阳能发电，然后通过微波和激光将电能传输给地球上的接收装置，再将接收的微波或激光束转变成电能供人类使用。

第三章
风能的利用

20世纪70年代以来，特别是近几年来，随着世界性能源危机和环境污染的日趋严重，可再生、无污染的风能利用，在世界各国崛起，古老的风能被人们重视起来，风能又焕发了青春。

当风轮机长长的弓形手臂，宛如农夫收割小麦一般，在空中划过时，发电机便把风力转变为电力，为人类造福。

风能利用的形式

风帆助航是风能利用最早的形式，直到 19 世纪，风帆船一直是海上交通运输的主要工具。用风车提水也是早期风能利用的主要形式，风力发电是近代风能利用的主要形式，19 世纪末丹麦开始研制风力发电机，至今有 100 多年的历史。

近年来，风力发电在世界许多国家得到重视和发展。风能应用方式主要有以下几种：

风力独立供电，即风力发电机输出的电能经过蓄电池向负荷供电的运行方式，一般微小型风力发电机多采用这种方式，适用于偏远地区的农村、牧区、海岛等地方使用。不过，也有少数风能转换装置是不经过蓄电池直接向负荷供电的。

风力并网供电，即风力发电机与电网连接，向电网输送电能的运行方式。这种方式通常为中大型风力发电机所采用，不需考虑蓄能。

风力 / 柴油供电系统，即一种能量互补的供电方式，将风力发电机和柴油发电机组合在一个系统内，向负荷供电。在电网覆盖不到的偏远地区，这种系统可以提供稳定可靠和持续的电能，以达到充分利用风能、节约燃料的目的。

风 / 光系统，即将风力发电机与太阳能电池组成一个联合的供电系统，也是一种能量互补的供电方式。如果在季风气候区，采用这一系统可全年提供比较稳定的电能。

当今，更值得提起的是：为农牧业应用广泛的风车和风力提水机。素有"低地之国"之称的荷兰，很早就利用风车排水、造田、磨面、榨油和锯木等。

风力发电

风力用于发电，有100年时间了，但它却以其强大的生命力，成为今天风能开发利用的主力军，并更加看好于明天。

1890年，丹麦政府制定了一项风力发电计划，到1908年，就设计制造出72台5～25千瓦的风力发电机，1918年发展到120台。第一次世界大战后，随战争发展起来的螺旋桨式飞机以及近代空气动力学理论，为设计风轮叶片奠定了理论基础，促使现代高速螺旋桨式叶片风轮出世。

法国20世纪50年代，曾建造过一座800千瓦的风力电站，但发生了叶片折断，后来终止发电。国际上现有风力电站，按容量大小，

可分为大、中、小三种。中小型风力发电设备的技术问题已经解决，主要用于充电、照明、卫星地面站电源、灯塔和导航设备的电源，以及边远地区人口稀少而民用电力达不到的地方。

目前，世界最大的风力发电装置已在丹麦日德兰半岛西海岸投入运行，发电能力为 2000 千瓦，风车高 57 米，所发电量 75% 送入电网，其余供附近一所学校用电。

大型风力发电设备，由于风轮直径大，制造困难，材料强度要求苛刻，以及风轮与发电机之间的传动问题还未完全解决，因此，大型风力发电站仍处于研究试验阶段。

近几十年来，风力发电在世界许多国家都有较大发展，包括电子计算机在内的大量新技术和新材料的应用到风力发电领域，新一代风力发电机已经出现，品种和装机量日益增多。

巧用风能

风能的弱点是能量密度低，稳定性差，常受气候影响，不连续（有季节性变化）等。为了克服风能的上述弱点，人们便想出了一些补救方法，如风光互补系统、风力蓄水发电等，再加上人造龙卷

风发电、风帆助航、风力制热等，就构成了利用风能的多种形式。

其实，太阳能与风能的弱点一样，都密度低、稳定性差，但二者合在一起，同时变为弱势的概率就小一些。尤其是就一般规律来说，白天太阳光强，夜间风多；夏天日照好，风力较弱；冬春季节风力较强，这样正好可以互补。

风力蓄水发电就是利用风力提水机，或风力发电带动水泵抽水，从而实现蓄能发电的水电站。在风力资源较好的地区，使风轮机不停运转，将水电站的下游水打回水库，可以增加水电站的发电量，特别是对于一些水源不足或枯水期较长的水电站，利用风力提水最为合适。

利用风力提水实际上就是蓄能的过程，在一定程度上不亚于蓄电池蓄电，尤其是大量蓄能。充分利用风蓄能不仅经济可行，而且能提高水电站的设备利用率。

人造龙卷风发电。在海洋和沙漠上空，由于太阳的辐射，热气流上升，冷空气下沉，形成上下流动的风。科学家们根据这种情况设计了一种巨大的筒状物，并让它飘浮在海洋或沙漠上空，然后用人工方式引导气流在筒内上下升降，从而驱动涡轮机进行风力发电。

风力田

同一场地上安装几十甚至上百台风力发电机组，并联在一起，通过电子计算机控制，共同向电网供电。科学家们认为，在一块土地上"种植"风力发电机，同种植农作物一样也有"收获"，甚至收获更大一些，所以称为"风力田"或"风力农场"。

1978 年，美国最早提出风力田的概念。一年以后，在加利福尼亚州旧金山附近建起一座风力田，它由 20 台 50 千瓦风力发电机组成，总容量为 1 兆瓦。后来，加利福尼亚州又陆续建成十几座风力田，其中最大的一座由 600 台风力发电机组成，总装机容量达 30 兆瓦，到 1985 年 8 月，美国风力田的总装机容量已达 620 兆瓦，年发电量达 6.5 亿千瓦·时。加利福尼亚州的风力田装机容量占美国风力发电机容量的 95%，占全世界的 75%。

我国从 1985 年开始在山东半岛、福建平潭岛建立小规模示范性风力田，选用国产中型机组和引进先进机型，取得了良好的效果。后来又在新疆、东南沿海一带建立了风力田。

发展风力田的先决条件是当地的风能资源丰富，风力发电机在设计风速下，全年运行时数不低于 2500 小时，安装地点的年平均风速不低于 7.2 米/秒，或 10 米/秒。其次，风力田必须和电网或常规电站并联运行，一般电网容量应比风力田装机容量大 10 倍，以保证风力田发电的稳定性，这样才不会引起电网供电出现大的波动。

总之，风力田是风力发电的发展方向，是未来大规模开发利用风能的主要形式。

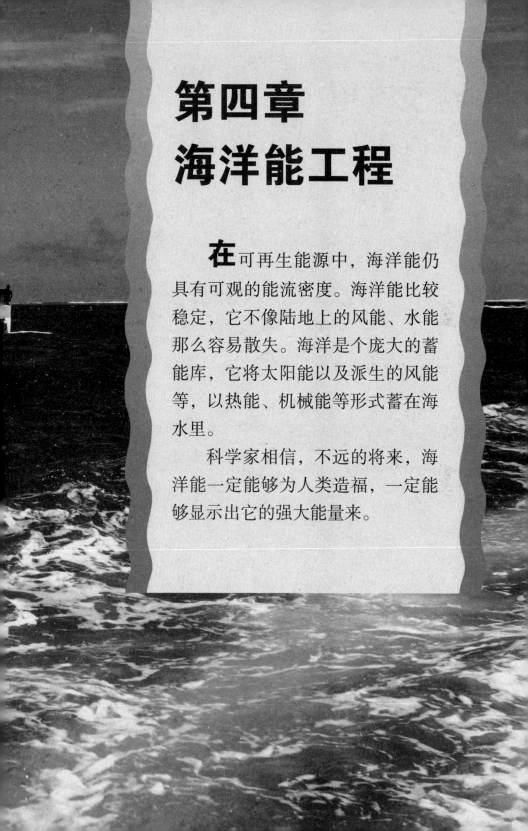

第四章
海洋能工程

在可再生能源中，海洋能仍具有可观的能流密度。海洋能比较稳定，它不像陆地上的风能、水能那么容易散失。海洋是个庞大的蓄能库，它将太阳能以及派生的风能等，以热能、机械能等形式蓄在海水里。

科学家相信，不远的将来，海洋能一定能够为人类造福，一定能够显示出它的强大能量来。

潮汐发电

海水的潮汐运动蕴含着巨大的能量，在水力发电的基础上，近代又将潮汐能用于发电。

据初步统计，全世界海洋一次涨落循环的能量为 8×10^{12} 千瓦，比世界上所有水电站的发电量要大出 100 倍，全世界的潮汐能约 30 亿千瓦，是目前全球发电能力的 1.6 倍。

据测量得知，世界上所有深海，例如太平洋、大西洋、印度洋等，潮汐能量并不大，而浅海及狭窄的海湾却包含有巨大的潮汐能。因此，一般潮汐电站都选择在海湾潮差大的地方。

20 世纪 50 年代末，浙江省开始建起小型潮汐电站，1961 年在温岭县建成一座 40 千瓦的沙山潮汐电站。沿海曾先后建成 60 座潮汐发电站。

江厦潮汐试验电站，自 1980 年 5 月 4 日正式发电以来，已并入电网，为温岭地区的用电做出了贡献。据普查结果，如果中国沿海可开发的潮汐能都利用起来的话，年发电量将达到 600 亿～ 800 亿千瓦。中国海岸线长达 1.8 万多千米，岛屿岸线长 1.4 万多千米，而且港湾交错，蕴藏着极其丰富的海洋潮汐能源，如果把中国潮汐能源利用起来，每年可以得电 3000 亿千瓦。

未来的潮汐发电站

目前的潮汐发电站有一个共同的弱点，即必须选择有港湾的地方修筑蓄水坝，建坝的造价昂贵，还可能损坏生态自然环境，同时又有泥沙淤积库内，必须经常清理。最近，西班牙科学家安东尼·伊尔温斯·阿尔瓦发明了不用建筑蓄水坝就可以利用潮汐发电的技术。

阿尔瓦发明的新式潮汐发电系统中的一个关键设备是固定在浅海底地基上的一个中空容器。

这个中空容器有点像一个抽水机的泵，其中有一个活塞。在活塞上有一根很长的连杆和浮在海面上的一个悬浮的平板相连，悬浮

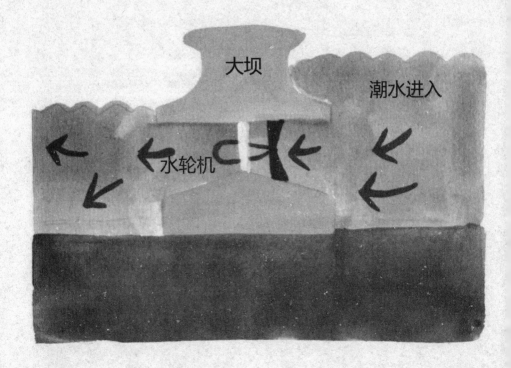

大坝

潮水进入

水轮机

的平板随潮汐的涨落上下运动,并带动中空容器内的活塞上下运动。

在涨潮时,活塞处于容器的顶部。当潮水下落时,容器上边的一个空气阀被打开,通过一根通气管和海面上的大气相通。与此同时,处于容器上方的一个进水阀也被打开,这样,水就可以流动,海水就经过涡轮发电机流进容器,水连续流动带动涡轮发电机发电。

当潮水又一次上涨时,悬浮的平板浮体带动活塞随潮水向上运动,此刻,容器的上下两个空气阀门自动关闭,容器顶部的出水阀同时打开,于是容器内的水在活塞的推动下流出。在潮水涨到最高位时,活塞再次被浮体带到容器顶部,这时出水口又自动关闭。此后整个系统准备随潮水的下落,重新开始发电。

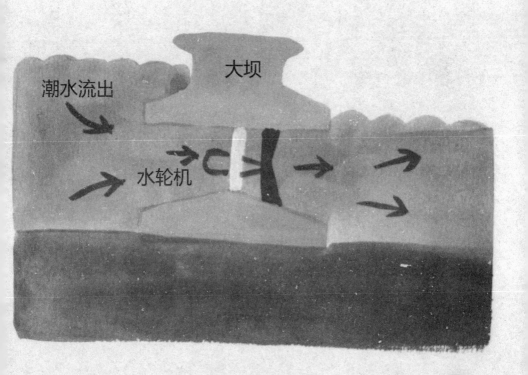

海浪发电

广阔的海洋，风大浪高，巨浪千里，蕴涵有巨大的能量。据估计，海浪的能量在 1 平方千米的海面上，波浪运动每秒钟就有 25 万千瓦的能量。

全世界已研制成功几百种不同的波浪发电装置，主要可归纳为 4 类：

浮力式：利用海面浮体受波浪上下颠簸引起的运动，通过机械传动带动发电机发电。

空气汽轮机方式：利用波浪的上下运动，产生空气流，以推动空气汽轮机发电。

波浪整流方式：该装置由高、低水位区及不可逆阀门组成，当该装置处于浪峰时，海水由阀门进入高水位区；当它处于波谷时，高水位区的水流向低水位区，再流回海里，这种装置就是利用两水位之间的水流推动小型水轮机工作。

液压方式：利用波浪发电装置的上下摆动或转动，带动液压马达，产生高压水流，推动涡轮发电机。

波浪发电比其他的发电方式安全，而且不耗费燃料，清洁而无污染。

从20世纪70年代中期开始，中国开始研究波浪能发电技术，现在已经能够生产系列化的小型波浪能发电装置，以作为航标灯、浮标的电源。1985年，中国科学院广州能源研究所研制成功BD-102号波力发电装置，达到世界先进水平，受到世界能源界的瞩目。1990年12月，中国第一座具有实际使用价值的海浪发电站发电试验成功。

据计算，全世界的海浪能约为30亿千瓦，其中可以利用的能量约占1/3，因此利用海浪发电大有可为。

波浪发电原理

波浪发电的原理很简单。这个原理是从使用打气筒给自行车打气，从而得到启发的。1898 年，法国科学家弗勒特切尔发现：打气筒一拉一推的简单动作，是由人力来完成的，海水的波浪正是上下起伏运动的，这一动作为什么不能让海水的波浪来完成呢？于是，他设计了一个带有圆柱筒的浮体，用海浪的上下运动压缩圆柱筒内的空气。

法国的波拉岁奎于 1910 年在法国海边的悬崖处，设

置了一座固定垂直管道式的海浪发电装置，并获得了 1 千瓦的电力。这次成功大大地鼓舞着热心于海浪发电的科学家们。

从此以后，关于利用海浪发电的设想如雨后春笋，不断涌现。但基本原理仍然是打气筒原理。由活塞与浮标的相对运动，产生的压缩空气就可以推动涡轮机，并带动发电机发电。

随着科学技术的发展，近年来波浪发电也有了新的进展。科学家利用在一根杆子的一端装上螺旋桨，当它浮在水面上下移动时螺旋桨就会转动起来的原理，设计了一种新型的波浪发电装置。

海流发电

目前海流发电虽然还处在小型试验阶段，它的发展还不及潮汐发电和海浪发电，但人们相信，海流发电将以稳定可靠、装置简单的优点，在海洋能的开发利用中独树一帜。

海流发电装置的基本形式，与风车、水车相似，所以海流发电装置常被称为水下"风"车，或潮流水车。海流发电装置基本上有以下几种形式：

轮叶式。发电原理就是海流推动轮叶，轮叶带动发电机发电。轮叶可以是螺旋桨式的，也可以是转轮式的。轮叶的转轴有与海流

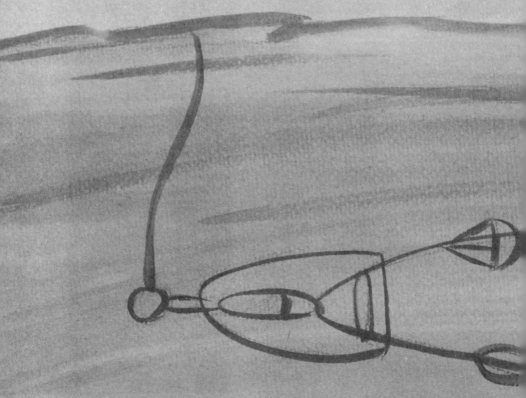

平行的，也有与海流垂直的。轮叶可以直接带动发电机，也可以先带动水泵，再由泵产生高压来驱动发电机组。

降落伞式。整个装置设计独特，结构简单，由12个"降落伞"组成，它们串联在环形的铰链绳上。当海流方向顺着"降落伞"时，依靠海流的力量撑开"降落伞"，并带动它们向前运动；当海流方向逆着"降落伞"时，依靠海流的力量收拢"降落伞"，结果铰链绳在撑开的"降落伞"的带动下，不断地转动着。铰链绳又带动安装在船上的绞盘转动，绞盘则带动发电机发电。

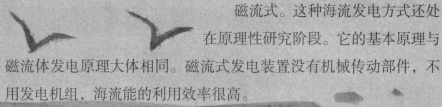

磁流式。这种海流发电方式还处在原理性研究阶段。它的基本原理与磁流体发电原理大体相同。磁流式发电装置没有机械传动部件，不用发电机组，海流能的利用效率很高。

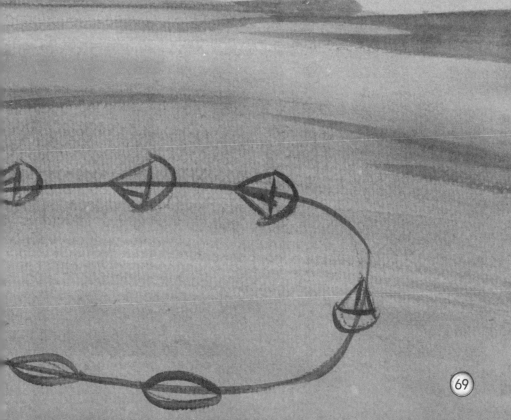

潮流发电

潮流是海（洋）流中的一种，海水在受月亮和太阳的引力产生潮位升降现象（潮汐）的同时，还产生周期性的水平流动，这就是人们所说的潮流。由于潮流和潮汐有共同的成因（都是由月亮和太阳的引力产生的）、有共同的特性（都是以日月相对地球运转的周期为自己变化的周期），因此，人们把潮流和潮汐比作一对"双胞胎"。所不同的只是潮流要比潮汐复杂一些，潮流除了有流向的变化外，还有流速的变化。

由于潮流的流速很大，因此，潮流蕴藏有巨大的能量，可以用来发电。潮流发电的原理和风车发电的原理相似，都是利用潮流的冲击力，使水轮机的螺旋桨迅速旋转而带动发电机。

潮流的流向是有周期性变化的，尤其是往复流动潮流流向的周期性变化更为显著。这样，安装在船体两侧的水轮机螺旋桨应对称，并且方向相反，以便顺流时由一侧螺旋桨旋转发电，逆流时就由另一侧的螺旋桨旋转发电。

中国在舟山群岛进行潮流发电原理性试验已获成功，试验是从1978年开始的。发电装置采用锚系轮叶式，螺旋桨直径2米，共4叶，双面作用对称翼型，以适应潮流的变化。

现在，试验虽然在原理性潮流发电上已取得了初步进展，但发电装置还有待进一步改进。实际的潮流发电装置和潮流发电站还在设想之中。

海水温差试验电站

第二次世界大战结束后，人们又开始沿着克劳德一系列试验的足迹继续迈进。

1948年，法国开始在非洲象牙海岸首都阿比让附近修造一座海水温差发电站，这是世界上第一座海水温差试验发电站。

世界上第一座海水温差试验发电站的发电原理是：表层温度高的海水用泵泵进蒸发器，温海水在低压下蒸发，产生的水蒸气推动汽轮发电机发电，工作后的水蒸气沿着管道进入冷凝器，水蒸气被冷却凝结成水后排出。冷凝器内不断用泵泵入深层冷海水，冷海水冷却了水蒸气后又回到海里。作为工作物质的海水，一次使用后就不再重复使用，工作物质与外界相通，所以称这样的循环为开式循环。

当时这座海水温差发电站，安装了两台为 3500 千瓦的发电机组，总功率为 7000 千瓦，它不但可以获得电能，而且还可以获得很多有用的副产品。

　　不过，实践也证明，这种方式发电也有其弱点，阻碍了海水温差发电的发展。

　　第一，在低温低压下海水的蒸汽压很低，为了使汽轮发电机能够在低压下正常运转，机组必须制造得十分庞大。第二，开式循环的热效率很低，只有 2% 左右。第三，开式循环需要耗用巨量的温海水和冷海水。第四，在海洋深处提取大量的冷海水，不但存在许多技术困难，而且要有大量的投资。

海洋生物电站

海洋的底层是海洋动植物残骸的集聚地，也是河流从陆地带来丰富有机质的沉积场所。在黑暗缺氧的环境下，细菌分解着这些海底沉积物中的动植物残体和有机质，形成多余的带正电荷的氢离子（H^+）。于是海洋表层和底层的电位差产生了。实际上这是一个天然的巨大的生物电池。

从海洋生物中生产生物电池的可能性，是从科学家曾经做过的一个实验获得证实的。这个实验如下：

把酵母菌和葡萄糖的混合液放在具有半透膜壁的容器里，将这个容器浸沉在另一个较大的容器中。容器中盛有纯葡萄糖溶液，其中有溶解的氧气。在两个容器中都插入铂电极，连接两个电极便得到了电流，这说明微生物分解有机化合物的时候，就有电能随之释放出来。根据这个原理制造的电池，叫作生物电池。

生物电池工作时不放热，不损坏电极，不但可以节约大量金属，而且电池的寿命也比电化学电池长得多。

从生物电池的工作原理，科学家们想到了海洋。他们认为一望无际的海洋就是一个巨大的天然生物电池。所以，科学家们提出了在海洋上建立天然生物电站的设想。可以预料，随着科学技术的不断进步，人们定会在海洋上建立起大型的天然生物电站，发出巨大的电流，造福人类。

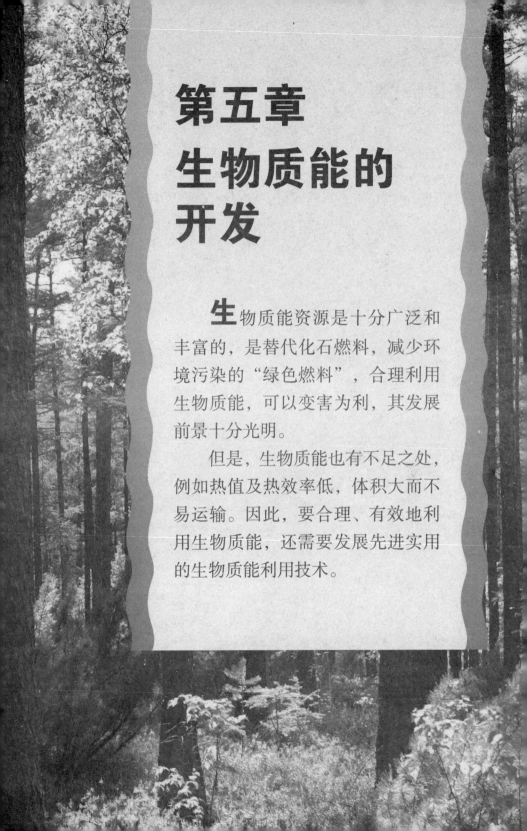

第五章
生物质能的
开发

　　生物质能资源是十分广泛和丰富的，是替代化石燃料，减少环境污染的"绿色燃料"，合理利用生物质能，可以变害为利，其发展前景十分光明。

　　但是，生物质能也有不足之处，例如热值及热效率低，体积大而不易运输。因此，要合理、有效地利用生物质能，还需要发展先进实用的生物质能利用技术。

生物质的汽化和液化

生物质通过微生物的作用，自身的分解或其他方面的变化，成为可燃性的气体或液体，就达到汽化或液化的目的了。生物质作为微生物的养料，借微生物制造沼气，属于生物质能的转换，也可

以称为生物质间接汽化。但是生物质通过自身的分解，也可以生成燃料气，这个过程叫直接汽化。此外，生物质还可通过直接或间接的方法生成流体燃料，如乙醇、甲醇和生物柴油，这就叫生物质液化。

生物质汽化所产生的气体，为一氧化碳、氢、甲烷和二氧化碳等的混合气体，它的热值为 4184 ～ 12 552 千焦。如此看来，生物质的汽化反应效率比生物质的直接燃烧效率要高 4 ～ 6 倍。

生物质的液化方法很多，主要有热化学分解法（汽化、高温分解）、生物化学法（水解、发酵）、机械法（压榨、提取）、化学合成法（甲醇合成、酯化）。液化所得的产品为醇类燃料（甲醇和乙醇）及生物柴油，是未来代替汽油和柴油的新型能源。

近年来，许多欧美国家研制了多种生物质压块燃料，有的全部用生物质挤压成型，有的还掺进低热值化石燃料，如泥炭、褐煤等，以增加密度，提高热效。有一种添加化石燃料的生物质压块，经过适当的物理化学处理，并经热压成型后，热值很高，而且燃烧时的灰渣较少，烟尘也不多，可以用于火电厂代替煤炭，经济效益明显。

生物质能工程

自然界的植物通过叶绿素进行光合作用而生长。但多数植物的光合效率不高，植物生长速度缓慢。在过去的很长时期中，人类完全依靠植物生物质做能源，但利用率和效率都很低。为了重新广泛使用生物质能源，需要探索如何把它们蕴藏的太阳能既充分又高效地释放出来。

许多科学家设想，如果把植物的光合效率提高到5‰以上，这样植物的生长速度将会快得惊人，这就是如何利用生物工程开发生物质能的问题。

利用生物工程开发生物质能方面，目前已经出现了一些可喜的初步研究，例如，利用基因工程、细胞工程和微生物工程等科学技术，开辟生物能的新领域。

新西兰培育了一种高光效植物，在一年之内，一个树芽能繁殖100万株树苗，3个月内幼树可长高1.5米。美国宾夕法尼亚州立大学，培育出一种杂交的杨树，这种杨树能使6‰的太阳光能转化为碳水化合物，美国加利福尼亚大学培育的热带大戟科植物，每公顷可产油约100桶。

这些高科技成果，给人们带来极大的希望，预示着人类将从植物身上取得绿色燃料的突破。现代科技为培育开发生物质能创造了条件，可为人类提供价廉、清洁、高效、方便的燃料。

"绿色燃料"——生物质能的发展前景是十分广阔的。

人工制取沼气

沼气可以人工制取。把有机物质，如人畜粪便、动植物遗体、工农业有机物废渣、废液等，投入沼气发酵池中，经过多种微生物（统称沼气细菌）的作用，就可以获得沼气。沼气细菌分解有机物产生沼气的过程，叫作沼气发酵。

沼气微生物（产甲烷菌群）广泛存在于自然界中，例如湖泊、

沼泽的底层污泥中，有机物质经沼气微生物的发酵作用而产生出可燃气体，自水中冒出来。有些反刍动物的胃里（如牛胃），有时也有沼气产生。人们有意识地建造的沼气发生器，就叫"沼气池"。

沼气池中通常填入人畜粪便、秸秆和杂草等有机物质，在密闭缺

发　酵

发酵指人们借助微生物在有氧或无氧条件下的生命活动来制备微生物菌体本身、直接代谢产物或次级代谢产物的过程。

氧的情况下进行发酵，产生沼气。在这种发酵池中产生沼气，是由多种微生物共同完成的。

如果沼气池中只有甲烷细菌，而没有纤维素分解细菌、蛋白质分解菌、果胶分解菌等其他种类的微生物，那么甲烷细菌也就无法生存。因为甲烷细菌所需的各种物质，如有机酸、醇、氢、二氧化碳等低分子的化合物，正是众多的微生物分解大分子化合物后为它提供的。这些微生物在分解代谢中产生的大量还原性物质，如硫化氢、一氧化碳、氢等，为甲烷细菌创造了极为严格的厌氧环境。

制造沼气的原料

制造沼气的原料都是些有机物质，例如人畜的粪便、秸秆、杂草、工农业有机废物、污泥等。各种原料能够生产的沼气量是不相同的。

实践证明，作物秸秆、干草等原料，产气缓慢，但比较持久；人畜粪水、青草等，产气快，但不能持久。所以把二者合理搭配，可以达到产气快而且持久的目的。

在实际制取沼气的过程中，适量投料很重要，正规生产沼气时必须按每吨干物质生产沼气量和甲烷含量，来合理投放原料。

　　原料中所含的碳和氮必须保持适当的比例，因为碳是生成二氧化碳和甲烷所必需的化学成分，氮是菌体生长所必需的养分，所以在配料入池时要使发酵原料中所含的碳和氮保持适当比例，给沼气细菌提供充足的碳素营养和氮素营养，使其生长繁殖旺盛，以使沼气池产气又多又快，持续时间长。

　　原料中所含的阻害物浓度不能超过抑制浓度。在发酵原料中往往有些成分对发酵有阻碍作用，所以称为阻害物。当原料中的阻害物超过抑制浓度时，将使发酵不能顺利进行，需要在发酵前除去阻害物或稀释到抑制浓度以下。阻害物有：硫酸根、氯化钠、硝酸盐、铜离子、铬离子、镍离子、合成洗涤剂、氨离子、钠离子、钾离子、钙离子、镁离子等。

水压式沼气池

沼气发酵池是制取沼气的最基础的设备，目前已有很多类型的发酵池。

中国从 20 世纪 30 年代就开始研究水压式沼气，是该领域发展较早的国家，所以世界上将这种沼气池结构称为"中国式沼气池"。这种沼气池数量居世界之最，这项技术已为第三世界国家所采用。

水压式沼气池的形式很多。例如，按水压箱的布置可分为顶反式和侧反式；按池的几何形状可分为圆柱形、长方形、球形、椭球形等。经过实践，圆柱形水压式沼气池，即所谓"圆、小、浅"——圆

柱形、小型、浅池的沼气池的优点较多，应用比较广泛。这种沼气池是由发酵间和贮气间两部分组成，以发酵液液面为界，上部为贮气间，下部为发酵间。随着发酵间不断产生沼气，贮气间的沼气密度便相应地增大，使气压上升，同时把发酵料液挤向水压箱，使发酵间与水压箱的液面出现位差，这个液位差，就是贮气间的沼气压力，两者处于动平衡状态。这个过程叫作"气压水"。

当使用沼气时，沼气逐渐输出池外，池内气压慢慢减小，水压箱的料液又流回发酵间，使液位差维持新的平衡。这个过程就叫"水压气"。如此不断地产气、用气，沼气池内外的液位差不断地变化，这就是水压式沼气池的基本工作原理。

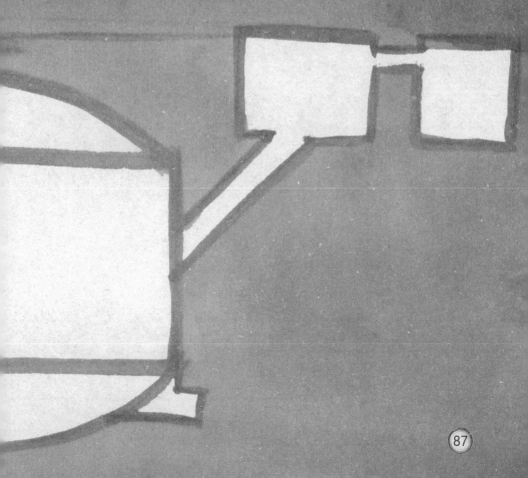

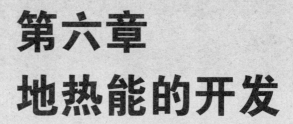

第六章
地热能的开发

作为新能源大家族中的一员，地热能同太阳能、风能、生物质能一样，除个别国家以外，目前在整个能源结构中的地位可以说是很低的。但作为一种正在快速发展中的新能源，将日益发挥更大的作用。

地热能是清洁的、廉价的能源，在未来新能源中将起着十分重要的作用。

地热田的类型

在目前工艺条件可以开采的深度内，富集有经济价值的地热资源的地域，称为"地热田"。

目前，可以开发的地热田有两大类型：

1. 热水田

这一地区富集的主要是热水，水温一般在 60℃～ 120℃之间。这里地下热水的形成过程大致可分为两种情况。

深循环型。大气降水落到地表以后，在重力作用下，沿着土壤、

岩石的缝隙，向地下深处渗透，成为地下水。地下水在岩石裂隙内流动过程中，不断吸收周围岩石的热量，逐渐被加热成地下热水。渗流越深，水温越高，地下水被加热后体积要膨胀，在下部强大的压力作用下，它们又沿着另外的岩石缝隙向地表流动，成为浅埋藏的地下热水，如果露出地面，就成为温泉。

特殊热源型。地下深处的高温灼热的岩浆，沿着断裂上升，如果岩浆冲出地表，就形成火山爆发；如果压力不足，岩浆未冲出地表，而在上升通道中停留下来，就构成岩浆侵入体。这是一个特殊的高温热源，它可以把渗透到地下的冷水加热到较高的温度，从而成为热水田中的一种特殊类型。

2. 蒸汽田

蒸汽田内由水蒸气和高温热水组成，它的形成条件是热储水层的上覆盖层透水性很差，而且没有裂隙。这样，由于盖层的隔水、隔热作用，盖层下面的储水层在长期受热的条件下，就聚集成为具有一定压力、温度的大量蒸汽和热水的蒸汽田。

到目前为止，世界各国多开发热水田。然而蒸汽田的利用价值更高一些。

低温地热的综合利用

低温地热，是指100℃以下的地热水。人们利用地热是从利用低温地热水开始的。

世界上凡有温泉出露的地方，到处都有低温地热利用的历史。直到今日，整个世界地热利用的规模仍然是低温地热占优势。

按低温地热的温度梯级和当地的需要不同，可以综合开发，一水多用。即从地热水出口的较高温度开始，逐级取热。

地热供暖。在有地热资源的地方，采用地热供暖是十分必要的，它比烧锅炉供暖要好得多，不仅节约煤炭等燃料，而且有利于改善环境，防止烟尘污染。

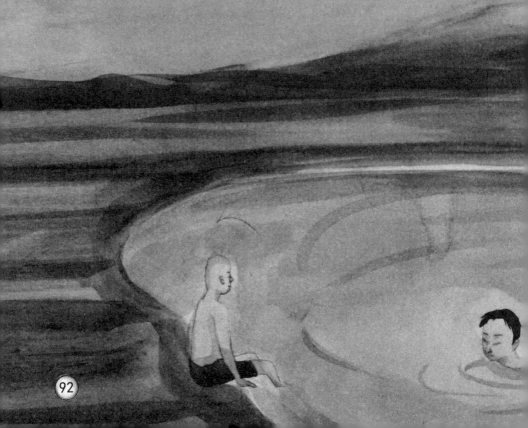

地热制冷。基本原理与太阳能制冷差不多，地热制冷只是将太阳能集热器获得的热水改为地热水。这种热源的改变，对制冷效率会有提高，因为地热水是比较稳定的。

地热温室。实际上是以地热为主要热源采暖。其采暖方法可分为热水采暖、热风采暖和地下采暖。热水采暖一般用 60℃～ 70℃ 的地热水，可以直接用管道输送到温室，然后通过均匀放置的散热片供暖，就像普通的水暖设备一样。热风采暖是将地热水送到空气加热器，将空气加热，并将这种被加热后的空气吹入温室采暖。地下采暖是在温室的种植地底均匀地预先埋好塑料导管，导管与地下热水管接通。需要采暖时，打开阀门，让地热水流经导管，借此以提高温室的地温，有利于植物生长。

此外，还可以利用低温地热水进行水产养殖、温泉水医疗等。

温泉与治病

人类对温泉的利用，首先是从它的"温"字开始的。据医学家们研究，温泉之所以能治病，主要取决于温泉的温度、所含的有价值的矿物质及温泉水的物理性能。

热，对人体具有舒筋活血、化瘀消肿的功能。对于人体来说，不同温度的泉水，具有不同的刺激作用。一个健康的人，皮肤的温度一般在34℃左右，如果超过这个温度，则有热的感觉，低于这个温度则有冷的感觉。热能刺激毛细血管使其扩张，降低神经的兴奋性；冷，能使毛细血管收缩，促进血液循环，引起神经的兴奋；而温和的泉水，对神经功能具有镇静作用，对动脉硬化、高血压、脑出血后遗症、半身不遂等病人的功能恢复，都有较好的疗效。

氡气温泉，其水中所含的氡气是放射性镭在蜕变过程中产生的一种放射性气体。浴用或是饮用这种泉

水，氡元素便会进入人体，其放射性能，可调节心脏血管系统和神经系统的功能，起到降低血压、催眠、镇静、镇痛的作用，对神经炎、关节痛、糖尿病、皮炎等也有一定的疗效。

硫酸盐温泉，由于水中含有硫酸根离子和其他钙、镁、钠离子，具有消炎作用。饮用这种水可治疗慢性肠炎、腹泻。

氯化钠温泉水中所含有的钠，对肌肉收缩、心脏的正常跳动，都是不可缺少的重要元素。饮用这种泉水，可帮助消化，增进饮食。对慢性肠胃炎、十二指肠溃疡疗效较好。

地热开采

在勘探某一地区的地热资源后，对确定为有开发价值的地热田，开始进行必要的钻探。通过钻井，取出地热，就是地热开采了。

一般低温地热的开采比较简单。如100℃以下的地热水，多半是自流井，地热水经过井管自动流出来，通过一个主阀，即进入输水管道，送往使用地。还有一些低温的地热水，往往不能自流。或者开始几年能够自流，但以后水位下降而不能自流，需要用井下泵将热水取出，这就涉及一些开采的配套设备以及井口装置的选择等技术问题。

自流井井口装置：地热井成井以后，热水自喷的井称自流井。这种井不需要安装水泵，也不用设置泵座。自流井井口只需装上与井内水管对接的地面水管，加上阀门即可。

泵

一种用以增加液体或气体的压力，使之输送流动的机械，是一种用来移动液体、气体或特殊流体介质的装置，即是对流体做功的机械。

　　非自流井井口装置：非自流井是由于地下热储的压力小，热水不能自流而出。因此，开采这种地下热水就必须采用水泵取水。它的井口装置包括水泵、泵座、配管系统、电源和泵房等。

　　中、高温地热井的井口装置：温度在 100℃ 以上的中、高温地热井口装置，比较复杂。因为井下喷出的不仅是热水，有时伴随着大量的高压蒸汽或甲烷等其他物质。它涉及汽、水分离，两相流的管道和各种换热器的设计。井口要安装汽水分离器，蒸汽走蒸汽管道输送。热水通过集水罐和消音器之后放出，或通过扩容器送入第二级分离器，而获得低压蒸汽。

地热供暖新技术

目前，世界上地热能的直接利用十分广泛，大体包括：生活用热水、采暖、温室种植、造纸业及水产养殖业等。

地热能的直接利用，尤其是中低温地热能的开发利用，已引起世界各国的关注。因为中低温地热资源分布广泛，又易于开发。因此，许多发达国家围绕着如何开发利用中低温地热资源开展了多学科研究，并取得了一定的进展，其中热泵技术的应用，使低温地热水的利用成为可能。

所谓热泵，就是根据卡诺循环原理，即电冰箱工作原理，利用某种工质（如氟利昂、氯丁烷等），从低焓值的地热水中吸收热量，经过压缩转化成高焓值的能量并传导给人们能够利用的介质。

另外，直接利用地热供暖或其他方面，还会碰到两大难题：一是地热水对管道的腐蚀性太强，只能先用它把自来水焐热，再输入管道，这种方式不仅加大了成本，浪费大量地热资源，而且使用后的地热尾水温度过高，不能直接排入城市污水排放系统；二是地热水的温度比较稳定，难以根据气候调节室内温度。这两大难题使人们在利用地热资源的时候顾虑重重，或是干脆"望热兴叹"。

　　20世纪90年代末，天津环保局地热站传出喜讯，经过几年的努力，他们较好地解决了这两大难题。

地下热能

岩浆

地热发电模型

地热发电

地热发电，是指利用地下热水和蒸汽建立地热发电站，这是一种新型的发电技术。地热发电的基本原理与普通火力发电相似，都是根据能量转换原理来进行的，首先把地热能转换为机械能，然后又把机械能变为电能。

目前，许多国家都把地热能作为一种新能源来加以利用，特别是在20世纪70年代初期，兴起了世界性地热发电的热潮。大家对地热发电的青睐有两个方面的原因：一方面是由于电能

更易于输送，且服务具有多样性；另一方面，对于充分开发利用比较偏远地区的地热资源，将地热能转变为电能十分重要。

地热发电的种类较多，由于地热的温度、水和气的成分，以及压力的大小不同，发电方式也不同。如果获得的是地下干蒸汽，并且具有较大的压力，则可直接采用汽轮机带动发电机发电。如果水、气都有，或温度又不特别高，则常采用扩容法或中间介质法发电。

目前，大量应用的地热发电系统主要有两大类：地热蒸汽发电系统和双循环系统。另外，正在研究的地热发电系统还有全流发电系统和干热岩发电系统。

干热岩石地热发电

地下高温岩石是未来一大能源，用它来发电比较经济，不但发电规模大，对环境影响也小。

所谓地下高温岩石，即干热岩石。在地壳硅铝层的花岗岩埋藏

较浅地区，是300℃以上的高温岩体，其本身没有蒸汽或热水。用高温岩体发电，就是利用地下岩的热量，将注入岩体的水变成蒸汽，以驱动汽轮机发电。

岩石产生高温的主要原因在于：年轻的花岗岩，常含有钍、钠、钾等天然放射性元素蜕变而产生的巨大热量。而这些热量大多阻滞在地下水不能渗透的地球深处的岩石中，因此，地下岩石所贮藏的热能是很可观的。

当电站发电时，先用高压将冷水注入水井，并使其进入岩石裂缝中，这时，地下"锅炉"将水加热，再用水泵从抽水井中抽出温度为240℃的热水送到发电厂，用以加热丁烷，使其变成蒸汽推动汽轮机发电。日本除同美国合作进行这项新技术的研究外，还将地下高温岩石发电列入日本能源开发的"日光计划"中。英国能源部经过研究，认为岩石层越深，发电成本越低，因此将钻孔井深度定为6000米。

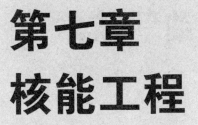

第七章
核能工程

核能利用，是人类开发利用能源历史上一次巨大的飞跃。能源专家评价说，在未来多元化的能源结构中，核能代替常规能源将势在必行，核能的地位将会逐渐提高，成为未来能源发展的一个重要方向。

预计到 21 世纪中期，核电将成为人类的主要能源之一。

海水提铀新技术

裂变原子能的主要核燃料是铀和钍，它们在地壳中的储量虽然不少，但分布非常分散，有工业开采价值的铀、钍矿床实在不多。

于是有人想到了蓝色的大海。海洋科学家认为，世界海洋中的铀至少有 40 亿吨，为陆地铀矿储量的 1000 多倍。然而海水中的铀浓度很低，每千吨海水中只有 3 克铀。

传统的海水提铀法已不能满足日益增长的工业需求。日本科学家研究的方法是把一种经过特别处理的新纤维物质放入海水中，这种新纤维是用丙烯酸纤维、铵和其他化学物质制造的。试验中，将 1 克新纤维放入海水中，10 天后，就能采集到 4 毫克铀，相当于用氧化钛纤维采集的 20 倍。日本科学家在一个试验中心对这种纤维物质进行了试验。该试验中心设在四国岛的港口城市仁尾，已投入使用。该试验每从海水中提取 1 千克铀，花费 600 美元。

瑞典皇家工学院的科学家设想利用海浪冲力从海水中取铀。在海面的浮船上安装一个大水箱，内有电解和吸收装置。海浪冲入箱内产生的压力，推动滚筒将海水源源不断地抽上来。含有铀离子的海水经过电解作用，再流经吸收隔膜而被浓缩，由此可以提取铀产品。

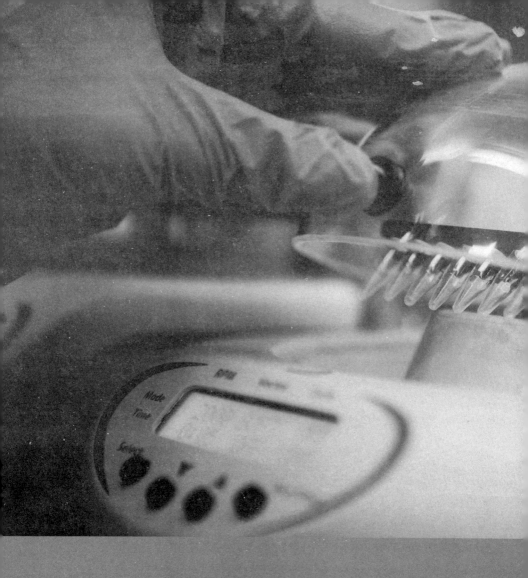

天然铀的浓缩

天然铀中主要包含两种铀同位素，即铀–238
和铀–235，其中铀–235只占天然铀的0.71%，其
他基本上为铀–238。用作核武器装料的浓缩铀中，
铀–235的含量必须占到90%以上。为此，必须对

铀同位素进行分离，使铀–235富集。

铀同位素分离的方法很多，其中有工业应用价值的主要有两种，即气体扩散法和离心法。气体扩散法一般耗电量大，生产成本高，有被离心法取代的趋势。

气态扩散浓缩法。铀的化合物，气态的六氟化铀，经压缩机压缩后，穿过分离膜。由于铀–235比铀–238轻，因此铀–235穿过去的速度比铀–238快一些。每个浓缩过程有3种主要的设备：把六氟化铀从低压处压向高压处的压缩机；排除气体被压缩时产生的热量的热交换器；还有一个扩散机。

要经过几千个这种基本的浓缩过程，才能生产出含量高的浓缩铀。还可以用不同的方法把几个基本过程连接为一体。

超速离心浓缩法。此法也是利用铀–235和铀–238两种同位素的质量不同，惯性也不同的原理，在一个圆柱形筒式离心机中，铀–235和铀–238以很高的速度进行圆周运动。较重的铀–238的惯性比较大，在惯性力的作用下，大部分趋向器壁上，而较轻的铀–235大部分留在圆筒的中央部分。

裂变反应

重原子核裂变成两个中等质量的原子核，这就是核的裂变。例如，铀–235 在中子轰击下，裂变成锶和氙，并释放出大量的热能。

要想使核反应堆中的核燃料铀–235 发生裂变反应，必须用中子去轰击铀核，铀–235 核吞食一个中子，分裂成两个中等质量的新原子，如锶和氙，放出两个中子，同时释放出一定量的核能。在自然界存在的铀元素，称为天然铀。铀–238 被一个中子击中，发生一系列的变化：

在一般反应堆中，生产的钚很少。相反，在快中子增殖堆中，

Fe   Co
铁   钴

如法国的"凤凰"堆，可以大量生产钚。这种类型的反应堆生产的新的核燃料比它本身消耗的还多，所以得名增殖堆或再生堆。

裂变反应式还表明在裂变过程中，核在裂变时同时放出中子，这些中子又可被未裂变的铀核"吞食"而引起第二代裂变。如果裂变的核一代一代继续下去，就是我们所说的链式核反应。

1938年12月，德国科学家哈恩等人用中子做"炮弹"去轰击铀原子核，铀原子核一分为二，被分裂成两个质量差不多大小的"碎片"——两个新的原子核，产生了两种新元素，同时释放出惊人的巨大的能量。这种原子核反应又叫裂变反应，放出的能量就叫裂变能，人们通常所说的原子能或核能，指的就是这种裂变能。

Ag
银

Ca
钙

聚变反应

与裂变反应相比，聚变反应正好相反，它是由两个很轻很结实的原子核聚合到一起，变成一个比较重的原子核的核反应。如果裂变反应放出的原子能叫裂变能，那么聚变反应放出的原子能就该叫作聚变能了。

自然界里最轻的元素是氢，它有三个同位素，一个叫氕，一个叫氘，另一个叫氚。除了氢以外，其他一些轻元素，如氢、锂、硼等，也可用作聚变反应的核燃料。

聚变反应释放出来的能量有多大呢？1千克氘和氚，通过聚变反应释放出来的能量，同燃烧1万吨优质煤释放出来的能量相等。应该说，聚变反应比裂变反应的威力还大。

氢"三兄弟"（氕、氘、氚）中，氕最多，但是最难发生聚变。相对来说，最容易发生聚变反应的是氚，可惜氚又太少。氘比氕容易实现聚变，而且数量又比氚多得多，它可以成为聚变反应核燃料中的"主角"。

怎样使氢原子之间发生聚变反应呢？办法之一是加温，把温度提高到几千万摄氏度甚至上亿摄氏度，使氢原子核以每秒几百千米的极高速度运动，这才有可能让它们碰到一起，发生聚变反应，所以聚变反应又称热核反应。

人类已经实现了人工热核反应，那就是氢弹爆炸。氢弹爆炸的热核反应是靠装在氢弹内部的一颗小型原子弹的爆炸创造的超高温和高压环境实现的。

从氢弹爆炸说起

1967 年 6 月 17 日，中国成功地爆炸了第一颗氢弹。这颗氢弹里装的"核炸药"就是氢化锂和氚化锂。

氢弹爆炸的过程不受人们控制，氢弹一旦发生爆炸，巨大的热核能量在瞬间就释放干净，无法按照我们的需要来有效地加以利用。那么，能不能像驾驭裂变反应那样，建造一种热核反应堆，来驾驭聚变反应这匹烈马呢？回答是肯定的。

人类已经实现了人工热核反应，这就是氢弹爆炸，人类进一步实现受控热核反应。在几千万摄氏度甚至几亿摄氏度的高温下，原子会发生电离，变成电子和原子核，也就是形成等离子体。为了使参与聚变反应的原子核能充分地发生反应，也为了使聚变反应所释放的能量能大于加热它们所消耗的能量，就必须把这些等离子体约束在一定的空间内以获得相当高的密度，同时要维持足够长的时间。

用什么材料制成容器才能承受这样的高温呢？有人想到用强大的磁场来担负约束这些带电粒子的任务。例如，如果把 1 亿度高温的具有一定密度的等离子体约束一秒钟左右，那么热核反应就能在"着火"以后自动地持续进行。

　　1960 年，激光诞生了。激光经过聚焦，可以在极短的时间内把一定量的物质加热到几千万摄氏度的高温。

　　之后，又提出"激光向心聚变"，即把热核燃料做成极小的微型小球，用多路激光对它们进行球形对称照射，使微型小球在短暂的瞬间即被压缩到极高的密度，同时获得上亿摄氏度的高温，就能进行热核反应了。

核反应堆的结构

世界上第一个核反应堆建于 1942 年，是石墨型的。

反应堆的种类很多，如压水堆、沸水堆、重水堆、快中子堆等，但不管什么类型，它们都具有几个相同的组成部分。

防护层：是个高大的预应力钢筋混凝土构筑物，壁厚约 1 米，内表面加有 6 毫米厚的钢衬，有良好的密封性能，能防止放射物泄漏出来。

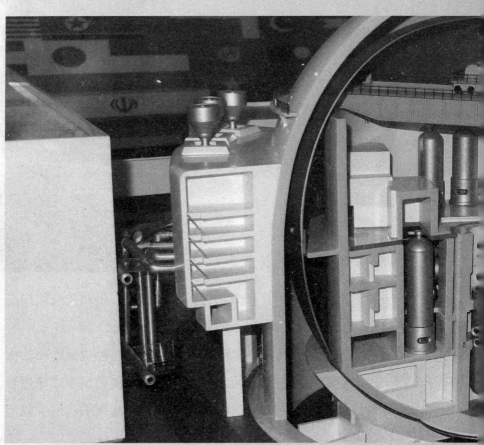

减速剂和控制棒：减速剂可使中子减速，提高中子击中原子核的效率。减速的方法是使中子与原子核发生碰撞。减速剂有普通水、重水、石墨等。

控制棒（包括安全棒），用于控制反应堆的反应性的可动部件。反应堆内链式裂变反应的强弱，可用控制棒予以控制。

堆芯：是放核燃料的地方。相当于普通锅炉的炉膛。核燃料裂变放出的热，可以加热普通水，生产蒸汽，驱动汽轮发电机发电，这就是原子能电站。堆芯是反应堆的核心。

载热剂：也叫冷却剂，是把反应堆裂变时释放出的已变成热能的原子能输送出来的载热材料。在天然铀做燃料的反应堆中，可用加压二氧化碳气做载热剂。

交换器：载热剂携带着热能流出反应堆，进入热交换器。在热交换器中，不与另一回路的水直接接触就把水变成蒸汽。有一种例外的情况，当载热剂是沸腾的水时，蒸汽是在堆内产生的，并直接引入汽轮机。

核电站

原子核反应堆的用处很多。从能源角度来说，原子核反应堆可以为潜艇、大型舰船和破冰船等提供动力，也可以用来发电和供热。用来发电的叫核电站；用来供热的叫核供热站；又发电、又供热的叫核热电站。

用原子能做动力的电站，称为核电站。原子发电与一般火力发电的不同之处不仅是燃料，而且还在于它以反应堆代替锅炉，以原子核裂变释放的能量来加热蒸汽、推动汽轮发电机发电。

核电站是将原子核裂变释放出的核能转变为电能的，所以它的主要设备是：核动力反应堆、蒸汽发生器、稳压器、水泵、汽轮机和发电机等动力设备、安全壳和防护等。

世界上核电站堆型很多，但达到商用规模的却只有 5 种，即压水堆、沸水堆、重水堆、石墨气冷堆和石墨水冷堆。但是，后两种堆型由于安全和经济方面的原因不再建造了。

　　中国提出利用原子能发电的设想比较晚，因此建立核电站也比较晚。1991 年 12 月 15 日，位于浙江嘉兴市东南 40 千米的秦山核电站建成，同时并网发电。这是一座压水反应堆式的核电站，装机容量为 30 万千瓦，每年可提供电能 15 亿～20 亿千瓦·时，为缓解华东地区的电力紧张起到了很大的作用。

核反应堆和核电站的类型

核反应堆是以铀（钍或铀钚混合物）做燃料实现可控核裂变链式反应的装置，也是核电站的核心装置。

目前，达到商用规模的核电站反应堆型有压水堆、重水堆、石墨气冷堆、沸水堆和快堆等。

核电站是一种利用原子核内蕴藏的能量，大规模生产电力的新型发电站。

压水堆核电站：以压水堆为热源的核电站。它主要由核岛和常规岛组成。核岛中的系统主要有压水堆本体、一回路系统，以及为支持一回路系统正常运行和保证反应堆安全而设置的辅助系统。常规岛主要包括汽轮机组及二回路等系统，其形式与常规火电站类似。

重水堆核电站：以重水堆为热源的核电站。重水堆核电站是发展较早的核电站，有各种类别，但已实现工业规模推广的只有加拿大发展起来的坎杜型压力管式重水堆核电站。

沸水堆核电站：以沸水堆为热源的核电站。沸水堆与压水堆同属轻水堆，都具有结构紧凑、安全可靠、建造费用低和负荷跟随能力强等优点。

快堆核电站：由快中子引起链式裂变反应所释放出来的热能转换为电能的核电站。快堆在运行中既消耗裂变材料，又生产新裂变材料，而且所产多于所耗，能实现核裂变材料增殖。

在快堆中，铀–238 原则上都能转换成钚–239 而得以使用。快堆可将铀资源的利用率提高到 60% ～ 70%。

核电发展的三部曲

从 1954 年第一座核电站问世以来到现在，世界上广泛使用的核电站，都是第一代热中子堆核电站。第二代是快中子增殖堆。第三代是聚变堆，目前正处在研究试验当中。

第一代，叫热中子反应堆。这种核反应堆里装的核燃料是含 3% 左右铀 –235 的低浓缩铀。用速度比较慢的中子来轰击铀 –235，使它发生裂变，这种中子叫作热中子。可是，铀 –235 裂变放出来的中子的速度都较快，是快中子，因此，在反应堆里就要用慢化剂把它的速度变慢，成为可以使铀 –235 发生裂变的"炮弹"。人们把这种利用热中子来轰击铀 –235，使它发生链式裂变反应的核反应堆，叫作热中子反应堆。

第二代，快中子增殖堆。由于热中子只能使铀 –235 发生裂变反应，而铀 –235 在天然铀当中只占 0.7% 左右，这样在天然铀中占 98% 以上的铀 –238 就不能利用，只好当

作废料存放起来，这是很大的浪费。为了解决这个问题，又出现了一种新型的核反应堆。这种新型的核反应堆用的核燃料是钚–239，反应堆里不用装慢化剂，它是靠钚–239裂变产生的快中子来维持链式裂变反应。

第三代，受控聚变堆。人工控制的聚变反应将为人类提供无穷无尽的能源，因为它的原料（重氢即氘）相当丰富。

原子核的聚变能比裂变能要大10倍以上，所以受控聚变堆是今后核能的发展方向。

解决能源的最终途径

科学家认为，人类最终解决能源的途径是充分利用核聚变能。

核聚变的燃料主要是氕、氘、氚。氘和氚都是氢的同位素，它们的原子结构与氢相同，都是一个电子围绕着一个原子核，只是原子核的组成不同。自然界里的水几乎是用之不竭的，因此氢的数量也是难以计算的。氘的含量虽然不多，但在浩瀚的大海里，氘的总量也超过了 2.3×10^5 亿吨，足够人类使用几十亿年之久。

氢弹爆炸，就是在超高压和高温情况下，氘和氚的聚变反应。不过氢弹能很难直接利用，因为它的能量是在瞬间放出来的。只有受控的热核反应才便于我们利用，受控的热核反应的研究，目的就在于想方设法让聚变能慢慢地释放出来。要实现这一目的有两个难题要解决：第一，激发热核反应的高温（高达数百万、数千万摄氏度，甚至上亿摄氏度）；第二，控制反应速度，这是相当困难的。

据研究，控制核聚变的方法可分为磁约束核聚变和惯性约束核

聚变。

　　目前许多国家都在积极研究控制核聚变的方法，希望控制热核反应，以便用来发电，或者作为其他能源。

　　美国在 1978 年宣布用激光控制法取得了重大成功，引起世界的注意。我国的磁约束核聚变研究起步于 20 世纪 50 年代，在成都、合肥建立了研究所，开工建设的"中国环流器"一号、二号 A，已取得重大进展。

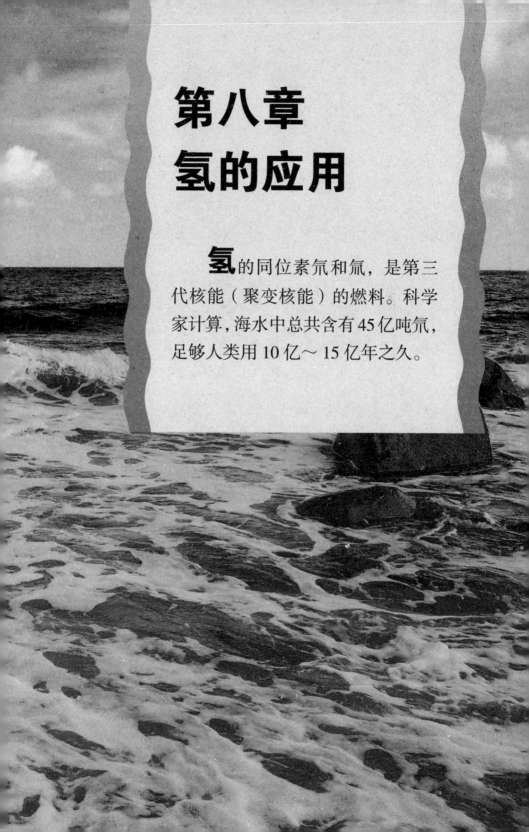

第八章
氢的应用

氢的同位素氘和氚，是第三代核能（聚变核能）的燃料。科学家计算，海水中总共含有45亿吨氘，足够人类用10亿～15亿年之久。

氢气的储存

氢气是一种密度非常小、性质活泼的气体，它飘浮不定，很难储存，因此在使用上往往受到限制。如果不解决氢的储存问题，即使能大量生产氢气，氢能的应用推广也成问题。

目前氢的储存方式主要有以下几种：

气体变压储存。通常在 15 个标准大气压（1519.875 千帕）的高压条件下，氢气可以储存在特制的压力钢瓶中，利用这种方法储存氢，首先要形成很高的压力，因此要消耗许多能源，而且由于钢瓶壁厚，容器笨重，因而材料浪费大，造价高。

液氢深冷储存。在一个大气压条件下，氢气冷冻至 -252.7℃以下，即变成液态氢。这时氢的密度提高，体积缩小，储存器的体积也可缩小。但是液氢与外界环境温度的差距悬殊，储存容器的隔热十分重要，同时氢的液化要消耗大量能源，每千克液氢耗能在 49 千焦以上，相当于耗电约 3.3 千瓦·时。此外，制造液氢罐的成本也很高，一般需要真空隔热。

金属氢化物储氢。氢的化学特性很活泼，它可以同许多金属或合金相化合。某些金属或合金吸收氢后，即形成一种金属氢化物，有的含氢量还很高，甚至高于液氢的密度。这种氢化物在一定温度条件下会分解，并把所吸收的氢释放出来，这就构成一种良好的储氢材料。从 20 世纪 70 年代开始，金属氢化物储氢越来越受到人们的重视。

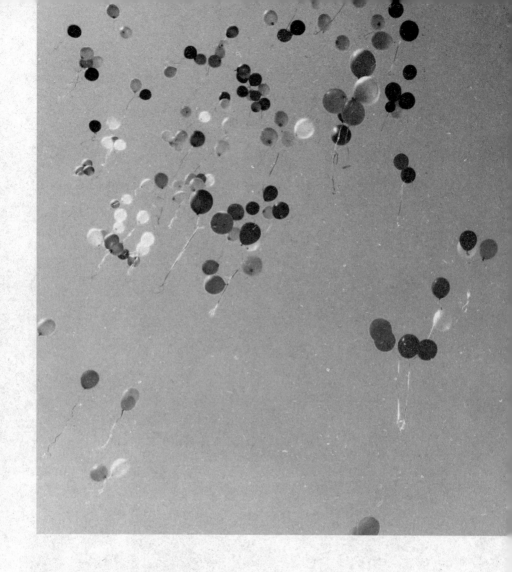

常规制氢

目前，企业多利用天然气、煤、石油产品作为原料来生产氢气。之所以多采用这些碳氢化合物为原料，而少用水为原料，其原因在于：水分子中氢和氧的结合非常牢固，要把它们分开，必须花费很大力气。

天然气和煤等都是碳氢化合物，把碳氢化合物同蒸汽放到一起，在高温高压下，依靠催化剂的帮助，就能制得氢气。当然，这里的高温高压，比起加热分解水的高温高压要低得多。

还有其他方法可以分解水吗？有的，而且过去就有，那就是电解法。水中放一些硫酸，通电，阳极上可以得到氧气，阴极上就能获得氢气。

热化学法是1970年才开始进行研究的。这其实也是一种加热直接裂解水的方法，不过不是单纯依靠加热硬把氢、氧分开，而是通过几步化学反应来达到目的，所以又叫分步反应裂解水制氢法。

在热化学法制氢中，不同的化学反应有不同的化合物——如钙、溴、汞、铁、碘、镁、铜等的化合物——作为中间反应物参加，温度各不相同。反应结束后，中间反应物的数量不变，可以回收循环使用，消耗的只是水。水被分解成氢和氧了，氢是燃料，氧的用途也很广泛。

热化学法如果同核反应堆联系到一起，利用核反应堆的余热来提供所需要的能量，那就可以进一步降低氢的生产成本。

生物制氢

生物制氢，即人工模仿植物光合作用分解水制取氢气。目前，美国、英国用 1 克叶绿素，每小时可产生 1 升的氢气，它的转化效率高达 75%。

根据目前科学家的研究，制取氢的原料除水外，还可以利用微生物产生氢气。在 1942 年前后，科学家首先发现一些藻类的完整细胞，可以利用阳光产生氢气流。7 年之后，又有科学家通过实验证明某些具有光合作用的菌类也能产生氢气。

科学家把具有产生氢气能力的细菌划分为 4 个类型：第一种是依靠发酵过程而生长的严格厌氧细菌；第二种是能在通气条件下发酵和呼吸的嫌性厌氧细菌；第三种是能进行厌氧呼吸的严格厌氧菌；第四种是光合细菌。

前三类细菌都能够利用有机物，从而获取

其生命活动所需要的能量，被称为"化能异养菌"。第四类的光合细菌，可以利用太阳提供的能量，属自养细菌范畴。近年来，发现有 30 种化能异养菌可以发酵糖类、醇类、有机酸等产生氢气。

在未来的年代，随着科学技术的发展，自然界的各种形式的碳水化合物，都可以转化为廉价的葡萄糖，从长远观点看，这条生产氢气的途径是值得探求的。

利用微生物生产氢气，在一些国家曾做了中间工厂的试验性生产，结果令人满意。

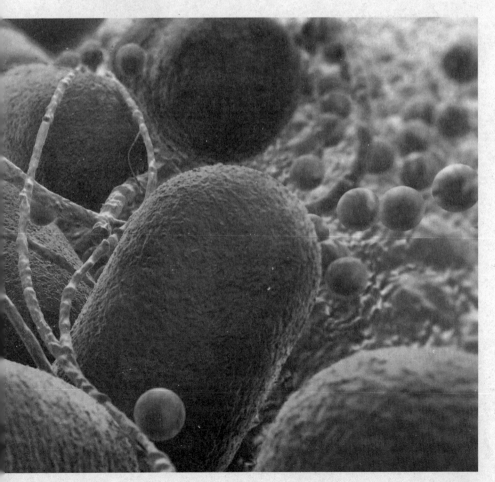

太阳能制氢

太阳能高温分解水制氢，以及络合制氢等办法，也是太阳能的高级转换和储存。尽管目前太阳能制氢还存在不少关键技术问题有待解决。但它已向人们展现出许多可喜的苗头。这里仅简要地介绍已知的几种太阳能制氢途径：

太阳热分解水制氢。水是由氢和氧组成的，而氢和氧又结合得十分牢固，要把它俩分开，就得增加温度。在 1000℃的时候，只有很少的水分解，生成氢气和氧气，温度越高，水被分解得越多，产生的氢气也越多。根据这个道理，日本用凹透镜聚焦的原理，把太阳光聚集起来，产生3000℃以上的高温，使水分解，生产大量的氢气。

电解水制氢。这是一种比较成熟的制氢技术。但在太阳能利用方面，则决定于太阳能发电的经济性。在不断降低太阳能发电成本的情况下，采用电解水制氢是完全可能的。

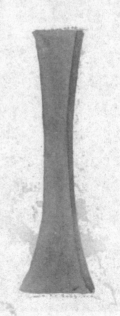

光催化制氢。人们发现，水在催化剂和光敏剂的影响下，经过阳光照射，也会

发生激发光化学反应，生成氢气和氧气。这里，关键是寻找适宜的催化剂和光敏剂，科学家找到二氧化钛和某些含钙的化合物，是很好的光敏剂。

络合制氢。这种方法与光催化制氢类似。只利用金属有机络合物作为光敏剂。络合物可以通过其组成和结构较有效地起到调节功能，更能利用太阳光谱中最丰富的可见光的能量。

凹透镜

亦称为发散透镜，镜片的中间薄，边缘厚，呈凹形，所以又叫凹透镜。

原子造氢

有些成熟的制氢方法，如果从经济角度看，实在是太昂贵了，例如电解水制氢，有85%的电能白白浪费掉了，只有15%的电能体现到了氢能中，因此人们不愿用这类方法来制取氢。

氢能源要能健康地成长起来，必须获得足够的力量：第一，要从水中制取氢，因为海洋中的水又丰富又易得；第二，制取氢的能源要便宜，价格高了就不可取。

科学家们设想的过程大致是这样的：由核反应堆向一系列彼此连接起来的化学反应器中送进水及热，反应堆是进口，出口则是输送氢及氧的管道。

利用核反应堆废热的想法，已是非常诱人的事了。要知道，这种原子—氢电站的有用功系数，在理论上可超过70%，而普通原子电站的有用功系数只有30%。

另外，还有可能将原子—氢电站与一系列冶金工厂或化工厂结合起来。如果将制取的

氢及氧送进燃料电池中，那这种电站就将只生产电能。我们可以用电力来电解海水或者从海水中提取铀、溴、钾，以及其他贵重物质。

根据美国科学家的预测，随着天然燃料蕴藏量的减少，人类将进入原子—电化学世纪。海岸旁的大型原子电站将为我们生产电能，电能将用来把海水分解成氢和氧。

原子—氢电站生产出来的氢能源，将取代石油、煤、天然气等化石能源。

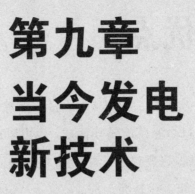

第九章
当今发电
新技术

电能是人们十分熟悉的一种能源，也是一种二次能源。

在能源开发利用的历史过程中，人类从发现电磁现象到把电能用于生产实践，经历了漫长的几个世纪。当前，电气化程度已成为衡量社会文明发展水平的重要标志。

电能的优点

电能可由一次能源，如煤炭、石油、天然气、核燃料、水能、风能、太阳能等通过电磁感应转换而成，也可以通过燃料电池由氢、煤气、天然气、甲醇等燃料的化学能直接转换而成，还可以利用光生伏打效应由太阳能直接转换而成。

其次，电便于转换为其他能量形式，以满足社会生产和生活的种种需要，如电动力、电热、电光源、电化学能的需要等。

如果与其他能源形式相比，电能还具有许多优点：

它可以高速度远距离输送，不仅方便经济，其技术设备要求也不高。

电能可以直接与其他形式的能互相转换，如通过发电机可以使机械能产生电能，通过热电偶可以从热能产生电能，通过蓄电池可以从化学能产生电能。

电能比较"听话"，容易管理。电流的大小和电能的"输停"都可以方便地加以控制。随着现代电子计算机技术的发展，电能可以被广泛地应用于生产过程的自动化中。

但是，电能是"过程性能源"，不能储存。电能的产生、分配、转换是在同一瞬间实现的，生产的电能必须与同一时间内消耗的电能相等。为了克服这一缺点，人们创建了"电力网"，把许多发电厂连接起来，这些发电厂都向电力网输送电能。当某一时刻，某一地区需要较多的电能时，可以立即通过电力网调配供应。电力网将相距数百、数千千米的发电厂、发电站组成一个统一的整体。

141

电的世界

1831 年，法拉第发现了电、磁、力三者的关系，为电力发展奠定了理论基础。

电能是人类社会迄今应用最广泛、使用最方便、最清洁的二次能源。

目前，人类对电能的使用范围概括起来有如下几个方面：

用来照明。电照明是较早开发的电能应用，它消除了黑夜对人类生活和生产劳动的限制，极大地延长了人类用于创造财富的劳动时间，改善了劳动条件，丰富了人们的生活。

电传动。电传动是范围最广、形式最多的电能

应用领域。电动机是冶金、机械、化工、纺织、造纸、矿山、建工等一系列工业部门与交通运输，以及自动控制设备、医疗电器、家用电器的最重要动力机械。

电加热。电加热可以直接作用到物体内部，具有加热均匀、热效率高和容易控制等优点。因此，电加热在冶金工业及制造业中成为重要的加工方式。

电物理装置。这是电力应用的新领域，各种能级和不同用途的加速器、大功率电脉冲装置、大功率激光设备、受控热核聚变装置等所需要的电源技术、磁体技术、控制和监测技术等，都促进了电力的利用。

总之，电的应用越来越多地渗透到人类生活中，越来越广泛地影响社会物质生产。电气化已成为现代化的同义语。

电能开发新技术

当今能以工业规模生产的电力有火电、水电和核电三种。被誉为第四种电力的燃料电池发电，也正在美、日等发达国家兴起，并以急起直追的势头快步进入以工业规模发电的行列。

传统的火力发电是一种间接的发电方式，也就是利用煤炭、石油、天然气这些燃料燃烧时放出的热能，把水变成水蒸气，再利用水蒸气推动汽轮机带动发电机发出电来。

直接发电的诞生和发展，为大幅度提高发电效率提供了新途径。直接发电就是把物质的化学能或者热能直接变成电能的一种新型的发电方式。目前，人们正在探索研究的直接发电技术有：磁流体发电、燃料电池、电气体发电、热电偶发电和热离子发电等。从实验来看，除了磁流体发电以外，最有发展前途的是燃料电池。

当今世界，关于发电的各种奇思异想和试验方兴未艾。1989年，美国加利福尼亚州建立一个燃烧牛粪的发电厂。因为电厂附近有一个巨型养牛场，美国能源公司于是想到利用牛粪做燃料发电。这家牛粪发电厂每小时燃烧40吨牛粪，可发出1.6万千瓦的电力，足够

供应 2 万户家庭使用。

　　汽车重量发电是在马路上铺设 20 块高出路面的金属板，每块板下面再放一只橡皮容器，容器内存满循环水。当汽车在金属板上驶过时，金属板受压将容器内的水高速挤出，高速水流经地下管道通往发电机房，驱动水轮发电机发电。

燃料电池

在日本关西电力公司的一个电厂里，有一套奇特的发电设备。它仿佛是长着两张嘴的怪兽，一张嘴不停地吃进燃料，另一张嘴不停地吞下空气，就能直截了当地而且悄无声响地发出高达 69.715 1 万千瓦·时的电来。这个能发电的"双嘴怪兽"就是燃料电池。

燃料电池同普通的蓄电池一样，燃料电池也是把化学能直接转换成电能的电化学能源装置。

燃料电池和其他化学电池类似，也是由电解质、正极和负极组成。正极和负极大都是用铁和镍等惰性、微孔材料做成的。从电池的正极那里把空气或氧气输送进去，从负极那里把氢气、碳氢化合物、甲醇、甲烷、天然气、煤气和一氧化碳等气体燃料输送进去，此时，气体燃料和氧发生电化学反应，于是，燃料的化学能就直接转变成了电能，供人们使用。

近年来，在科学家们的努力探索和研究下，各种燃料电池纷纷问世。按照燃料电池所用的燃料和氧化剂的不同，有氢—氧燃料电池、肼—空气燃料电池、锌—空气燃料电池、甲醇—空气燃料电池等。

宇航事业的发展，氢—氧燃料电池在载人宇宙飞船上使用的成功，更促进了燃料电池的发展。

147

原子电池

电池是一种日常生活用品，手电筒、晶体管收音机、电动剃须刀、电子手表、公共汽车，甚至心脏起搏器内，都可以找到它的踪迹。平时，人们使用最多的要数化学电池了，它是将化学能转化为电能的一种装置，例如，干电池、蓄电池等。

干电池或蓄电池直接将化学能转换成电能。这种电池由一种或多种化学溶液组成，并且插入两根电极，一个电极释放电子，另一个电极吸收电子，当两个电极用导线连接起来以后，电流便产生了。这种电池内的化学能浪费

得较少，不过，由于它的化学物质价值昂贵，如果用制造电池的锌来为整个城市发电，那是得不偿失的，也是不现实的。

与普通的化学电池、燃料电池相比，原子电池具有很多优点，例如体积小、重量轻、功率大、寿命长、性能好、无污染，以及无噪声等。

在原子电池中，换能器是核心部件，目前使用的有两种类型，即静态热电换能器和动态热电换能器。

今天，原子电池已广泛地应用于人造卫星、宇宙飞船、南极气象站、深海照明、人工心脏等各个领域。可以预见，随着原子电池性能的进一步提高，以及它的功率的不断加大，它的应用范围还将继续扩大。

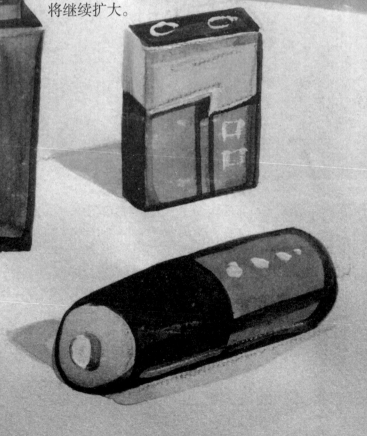

微生物电池

什么是微生物电池呢？它是一种用微生物的代谢产物做电极活性物质，从而获取电能。从研究的进展看，作为微生物电池的活性物质只限于甲酸氢、氨等。科学家用一种叫产气单孢菌的细菌，处理 100 摩尔椰子汁，使其生成甲酸，然后把以此做电解液的 3 个

电池串联在一起，生成的电能可使半导体收音机连续播放50多个小时。当然，这只是试验，但它表现出的前景是令人神往的。

21世纪是人类飞向宇宙的时代，在宇宙飞船这样的封闭系统中，排泄物的处理是个必须解决的问题。美国宇宙航行局设计了一种一举两得的解决方案：用一种芽孢杆菌处理尿，使尿酸分解而生成尿素，在尿素酶的作用下分解尿素生产氨，氨用作电极活性物质，在铂电极上产生电极反应，组成了翱翔太空的理想微生物电池。

科学日新月异的21世纪，有机废水的处理也与微生物电池发生了密切关系。利用微生物处理有机废水，在使废水无害化的同时，可以把微生物的代谢产物做微生物电池的活性物质，从而获得电能。因此，微生物作为能同时解决公害和能源问题的一种手段，已引起人们的广泛注意。尽管微生物电池的研制尚处在萌芽状态，使用也还只限于一定范围，但是未来的某一天，微生物电池就能够带动马达飞转，为人类创造更多的物质财富。